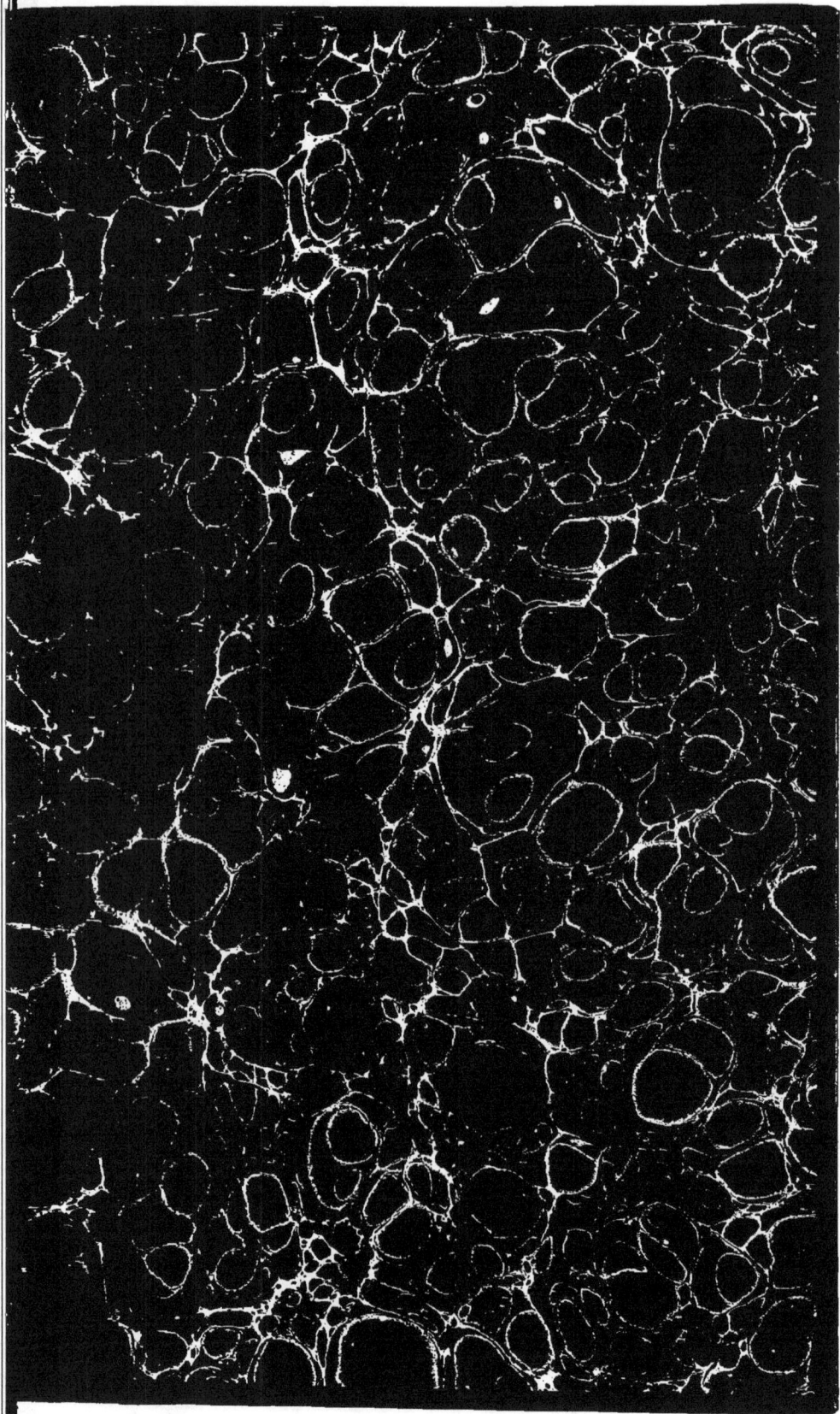

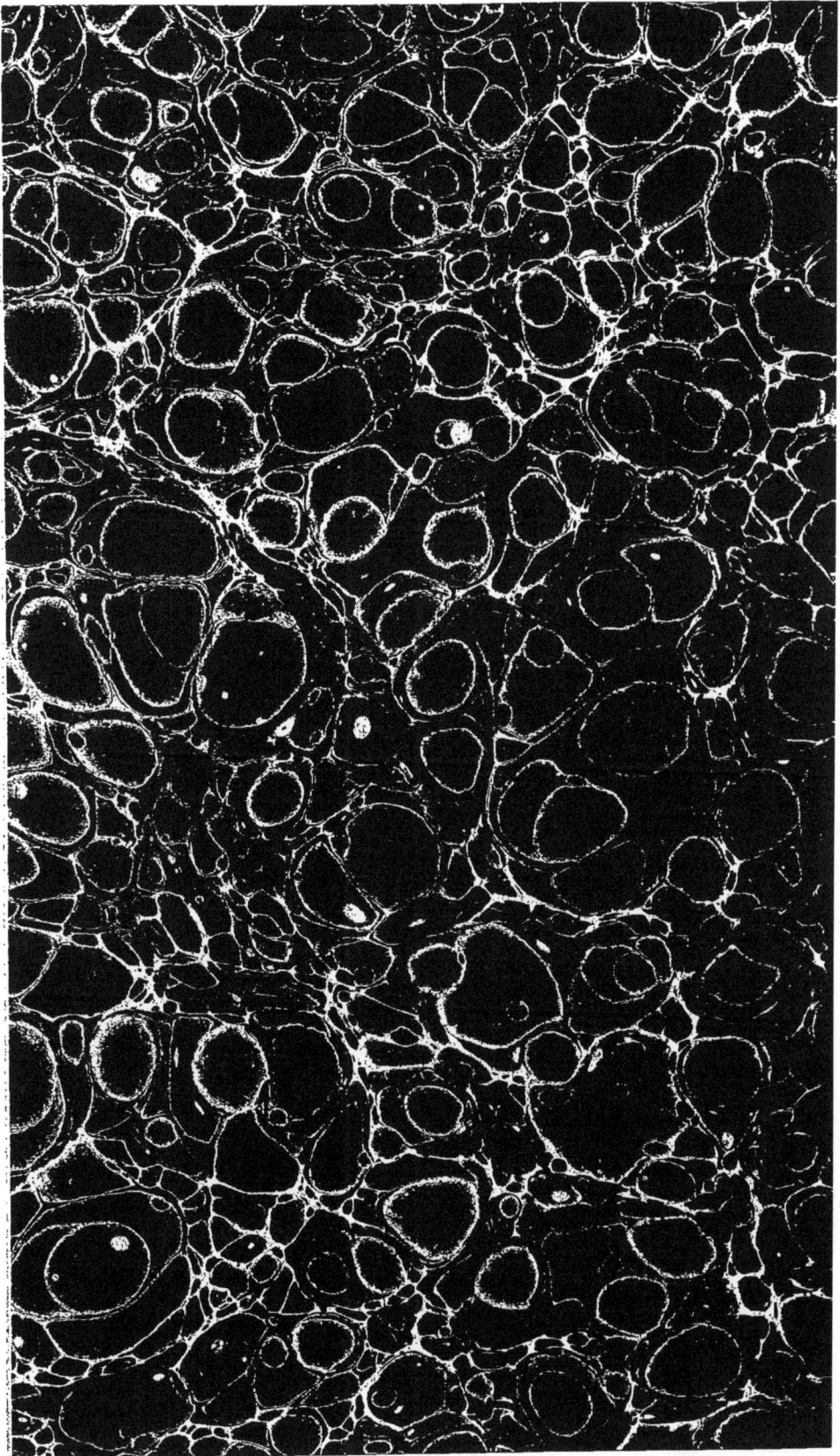

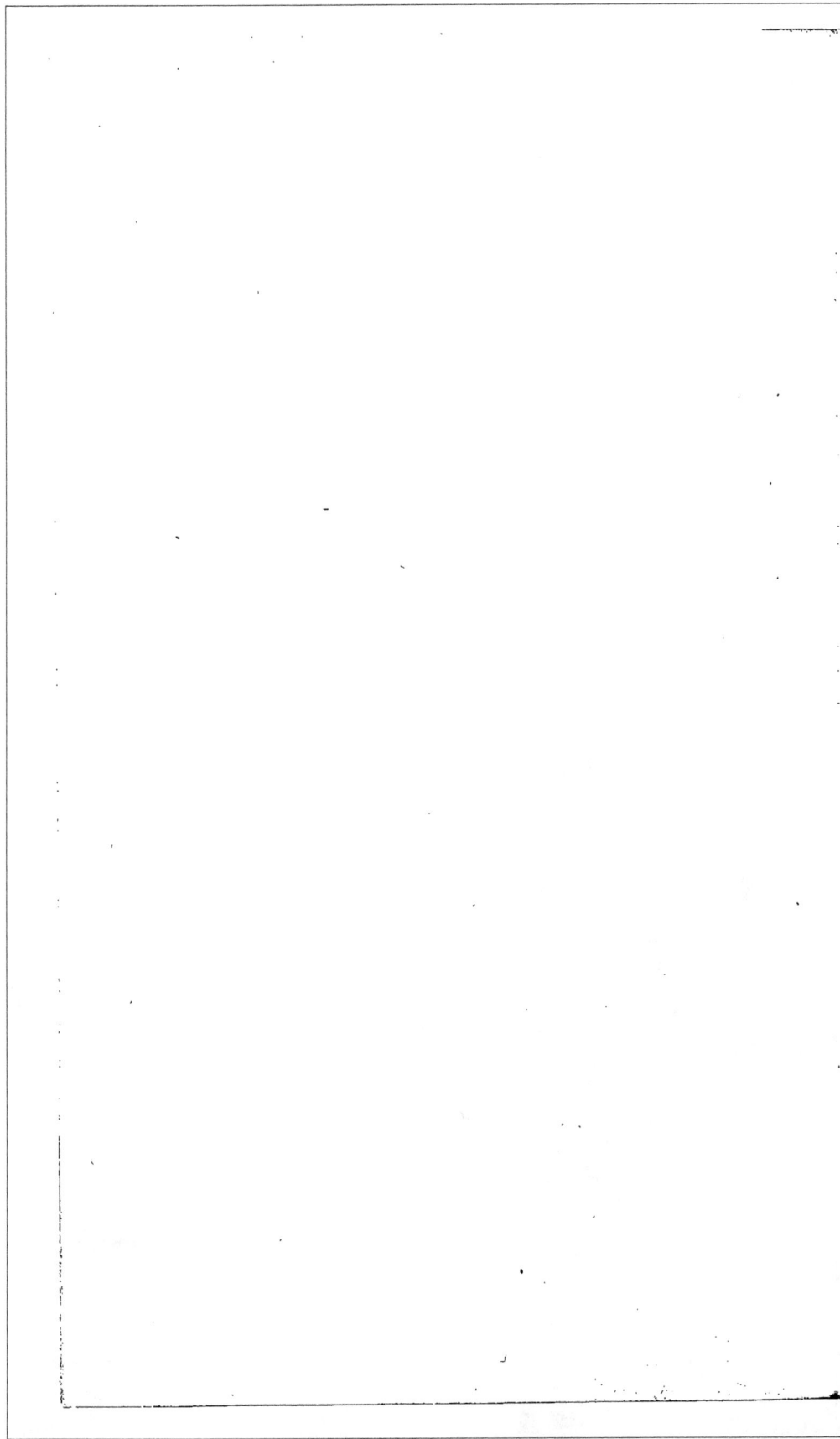

DESCRIPTION

DES MOLLUSQUES

FLUVIATILES ET TERRESTRES

DU DÉPARTEMENT DE L'ISÈRE.

Grenoble , Imprimerie de Prudhomme.

DESCRIPTION

DES

MOLLUSQUES

FLUVIATILES ET TERRESTRES

DU DÉPARTEMENT DE L'ISÈRE

PRÉCÉDÉE

DE NOTIONS ÉLÉMENTAIRES SUR LA CONCHYLIOLOGIE

Par M. Albin Gras

DOCTEUR ÈS SCIENCES
DOCTEUR EN MÉDECINE DE LA FACULTÉ DE PARIS
PROFESSEUR A L'ÉCOLE SECONDAIRE DE MÉDECINE DE GRENOBLE.

GRENOBLE

PRUDHOMME, IMP.-LIBRAIRE, RUE LAFAYETTE, 13.

—

1840.

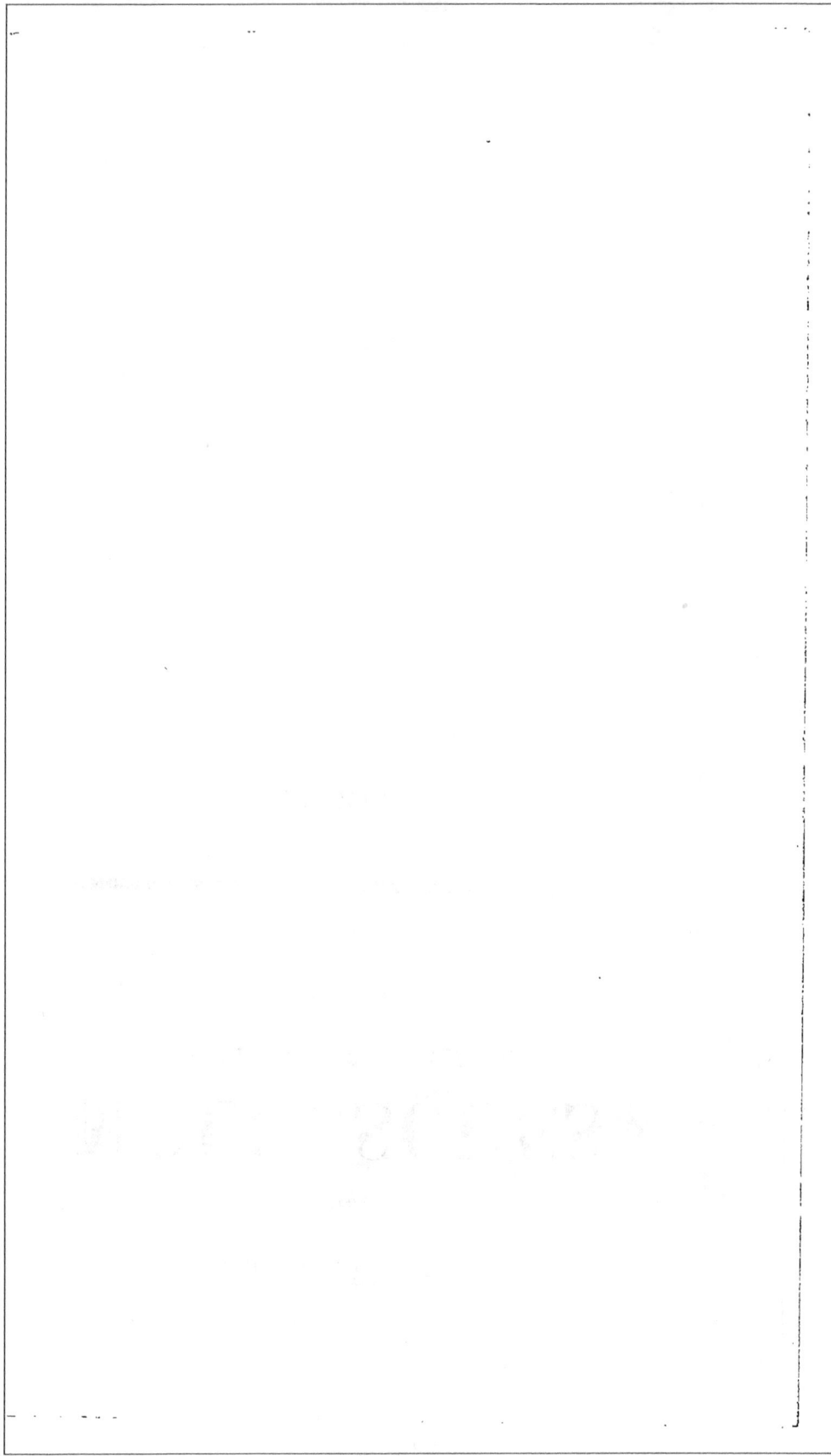

AVANT-PROPOS.

Plusieurs membres de la société de statistique se proposent de donner successivement la monographie des espèces appartenant aux différentes classes d'animaux que l'on rencontre dans le département. J'ai essayé de remplir une partie de cette tâche en publiant, dans le *Bulletin de la société*, la description des mollusques de notre pays. Le département de l'Isère, riche en général sous le rapport de l'histoire naturelle, ne l'est pas moins en coquilles fluviatiles et terrestres ; à l'exception des espèces qui se rencontrent sur les côtes et de celles qui habitent les régions les plus méridionales, nous possédons en effet la plupart des mollusques de la France et en partie ceux de la Suisse et de l'Allemagne.

Un grand nombre des espèces que j'ai décrites ont été rencontrées aux environs de Grenoble. Mes occupations ne me permettant pas d'étendre mes excursions plus loin, je dois à l'obligeance de MM. Sisteron, Breton, Berthelot, Rouy (de Gap), David, professeur au petit séminaire, et surtout de M. Terver (de Lyon), un de nos premiers naturalistes, la connaissance de beaucoup de coquilles intéressantes appartenant également au département. J'ai donné en outre la description d'une dizaine d'espèces que je n'ai pas rencontrées, il est vrai, dans nos environs, mais qui ne sont pas rares dans le reste de la France, et dont je soupçonne pour cette raison l'existence dans le département. Ces diverses descriptions vérifiées sur les échantillons que j'avais sous les yeux ont été empruntées en grande partie aux ouvrages de Draparnaud et de MM. Michaud et Deshayes.

L'étude des mollusques fluviatiles et terrestres n'est pas aussi dépourvue d'intérêt qu'on pourrait se l'imaginer au premier abord. Ces animaux occupent, par leur organisation, la première place parmi les invertébrés ; ils sont répandus partout et intéressent non-seulement le naturaliste, mais encore le médecin, qui en utilise quelques espèces, et surtout le cultivateur, par les ravages qu'ils n'exercent que trop souvent.

Les limaces sont surtout nuisibles et dévastent les jardins potagers ; elles pondent peu de temps après la fécondation, ordinairement à la fin de mai ou de juin, et déposent leurs œufs, qui sont jaunâtres et arrondis, dans des endroits humides abrités du soleil. Ces œufs étant desséchés peuvent se conserver longtemps sans que le germe s'altère, et ils éclosent lorsqu'on vient à les humecter. Les limaces recherchent les lieux humides, et vivent habituellement de végétaux souvent à demi pourris. Elles attaquent aussi, principalement la nuit et lorsqu'il vient de pleuvoir, les jeunes plantes, et sont alors très-nuisibles aux jardiniers. Un des moyens de se préserver de leurs dégâts et de ceux des hélices (escargots) consiste à semer sur le sol de la paille finement hachée ; cette paille s'attache au corps de ces animaux, excite une sécrétion abondante de mucus et les épuise bientôt. Les hélices (ou escargots) abondamment répandues partout sont également nuisibles : elles ont les mêmes habitudes que les limaces, et on les détruit de même. Plusieurs espèces sont munies d'une sorte de dard corné très-singulier, dont les usages relatifs probablement aux fonctions de reproduction ne sont pas encore bien connus. Plusieurs hélices sont employées en médecine comme médicament adoucissant ; elles servent aussi, en quelques endroits, à la nourriture de l'homme et constituent alors un aliment assez lourd à digérer. Il paraît que les anciens avaient su tirer pour leur table un plus grand parti de ces mollusques.

Varron nous apprend qu'ils avaient établi des parcs ou *escargotières* (*cochlearia*) où ils nourrissaient et engraissaient diverses espèces d'hélices. On les plaçait pour cela dans des lieux humides ombragés et entourés d'eau, où on les nourrissait avec soin de végétaux, de son bouilli et mêlé avec de la lie de vin; l'on y ajoutait quelques feuilles de laurier qui contribuaient à leur donner une saveur recherchée. Soumis à ce régime, ces animaux parvenaient à un accroissement extraordinaire. Varron assure que quelques-unes de leurs coquilles étaient capables de contenir dix *quartes* (environ dix litres). C'est un genre d'alimentation qui manque au luxe moderne. Les hélices jouissent de la singulière propriété de régénérer non-seulement leurs coquilles, mais diverses parties de leur corps après une mutilation. Il paraîtrait, d'après quelques expériences, que l'ablation totale de la tête ne serait pas suivie de la mort, et que, l'année suivante, on observerait un commencement de reproduction de cette partie du corps.

Les mollusques fluviatiles, quoique sans usage, présentent pourtant quelque intérêt à être étudiés : ils se plaisent surtout dans les marais et les fossés garnis de plantes marécageuses qui leur servent de nourriture. Les uns, pourvus de trachées, vivent habituellement au fond des eaux; telles sont les *paludines*. Les autres espèces (pulmonés aquatiques) ont besoin de respirer l'air en nature, et viennent de temps en temps à la surface où elles se tiennent dans une position renversée; tels sont les *limnées* et les *planorbes*. Lorsque les mares ou fossés viennent à se dessécher, elles peuvent même vivre assez longtemps privées d'eau en s'enfonçant dans la vase; le *planorbe leucostome* et la *physe des mousses* nous en offrent des exemples remarquables. Les mollusques fluviatiles univalves sont en général ovipares et quelquefois ovovivipares. Les coquilles bivalves d'eau douce sont moins abondantes, et leurs mollusques sont tous hermaphrodites sans fécondation et vivipares. Les plus grandes espèces de nos pays, l'*anodonte des cygnes* et les *mulettes*, se plaisent dans les marais un peu profonds où on

les voit sans cesse sillonner la vase en se tenant dans une
position presque verticale. Pendant l'hiver , et lorsqu'il
existe des trous à la glace , les corbeaux leur font une chasse
très-singulière : ils les pêchent à l'aide du bec et entr'ouvrent
adroitement la coquille pour se nourrir de l'animal. Une espèce
d'*unio*, la mulette des peintres , est ainsi appelée, parce que
l'on se sert vulgairement des valves de la coquille pour y dé-
poser des couleurs : les bivalves n'ont pas d'autres usages. Il
resterait, pour compléter l'étude des mollusques du département, à s'occuper des coquilles fluviatiles et terrestres fossiles.
On en rencontre un assez grand nombre dans les terrains
d'eau douce du département et particulièrement à Pommiers,
près de Voreppe. Les espèces observées paraissent appartenir
au genre cérite (*potamide* de Brongniart), coquilles que l'on
ne rencontre actuellement que dans les pays équatoriaux, aux
genres limnée, hélice , cyrène, cyclade, etc. Je n'ai pas encore étudié les espèces de ces genres, travail qui pourrait être
de quelque utilité pour la géologie et que je me propose d'en-
treprendre dès que mes occupations me le permettront.

DESCRIPTION

DES MOLLUSQUES

FLUVIATILES ET TERRESTRES

DU DÉPARTEMENT DE L'ISÈRE.

⸙⸙⸙⸙⸙⸙⸙⸙⸙⸙⸙⸙⸙⸙⸙⸙⸙⸙⸙⸙⸙⸙⸙⸙⸙⸙

NOTIONS PRÉLIMINAIRES.

⸺◈◈◈⸺

I. — Définitions.

Cuvier a donné le nom de *mollusques* à une classe d'animaux pairs non articulés, à corps mous et enveloppés d'une peau ou derme musculaire (*manteau*) de forme variable, dans ou sur laquelle se développe le plus souvent une partie calcaire (*test* ou *coquille*) d'une ou deux pièces. Les autres caractères sont : circulation complète à sang blanc, à cœur essentiellement aortique et supérieur au canal intestinal; respiration aquatique ou aérienne; système nerveux composé d'un ganglion cérébriforme susœsophagien communiquant avec les ganglions des différentes fonctions, ceux de la locomotion étant latéraux (Blainville).

On divise les mollusques en terrestres, fluviatiles et marins, suivant qu'ils habitent sur la terre, dans les eaux douces ou dans les eaux salées. Nous ne nous occupons ici que des espèces *terrestres* et *fluviatiles*. On peut les rapporter à deux ordres : 1º les *gastéropodes*, 2º les *acéphales*. Les premiers rampent sur un pied situé sous le ventre, et ont une tête pourvue d'appendices en forme de cornes qu'on nomme *tentacules*. Leur corps est nu (les *limaces*) ou renfermé dans une coquille *univalve*, c'est-à-dire formée d'une seule pièce. Les acéphales n'ont pas de tête et sont pourvus d'une coquille *bivalve*, c'est-à-dire formée de deux pièces comme celle de l'huître ordinaire ; ils habitent toujours les eaux.

§ 1. *Des gastéropodes.*

Outre la coquille, on distingue dans les gastéropodes la *tête*, le *manteau*, le *pied* et le *corps*.

1° La tête est située à la partie antérieure d'un cou contractile ou rétractile. On y remarque des *tentacules*, des *yeux* et une *bouche*. 1° Les *tentacules*, organe spécial du toucher, sont des espèces de cornes charnues, mobiles, au nombre de quatre, et de deux seulement chez les gastéropodes fluviatiles et les operculés. Ils sont dits *rétractiles* quand l'animal peut les retirer dans l'intérieur du cou en les retournant comme un doigt de gant, et *contractiles* quand il peut seulement les raccourcir en les contractant ; 2° les *yeux* sont au nombre de deux, orbiculaires et de couleurs brune et noirâtre. Dans les gastéropodes à quatre tentacules, ils sont situés à l'extrémité des tentacules supérieurs dits alors tentacules *oculés ;* chez les autres ils sont placés à la base en dedans ou en arrière des tentacules ; 3° la *bouche* est pourvue de trois lèvres triangulaires dont la supérieure est armée d'une mâchoire dure et tranchante. La portion comprise entre la base des tentacules et la bouche s'appelle *mufle*.

2° Le manteau est une portion musculaire qui entoure le cou à sa base en forme de *collier* et qui le reçoit ainsi que la tête quand l'animal les retire ; c'est ce manteau qui secrète la coquille : il présente du côté droit une échancrure ou un orifice auquel répondent les orifices de l'anus et de l'organe respiratoire. Chez les mollusques nus (les limaces), ce manteau prend la forme d'une plaque ou bouclier situé sur le dos ; il renferme alors un osselet ovale aplati, appelé par quelques auteurs *limacelle*.

3° Le *pied* est un disque charnu formé de plusieurs plans de fibres entrecroisées, servant à la marche et laissant suinter une humeur visqueuse destinée à augmenter l'adhérence de l'animal à la surface du corps.

4° Le corps, nommé aussi *tortillon* chez les gastéropodes à coquilles, est alors ordinairement roulé en spirale dans la coquille et séparé du pied. Dans les gastéropodes *nus* il est, au contraire, droit et réuni avec le pied dans toute sa longueur.

Les gastéropodes sont presque tous hermaphrodites avec fécondation sexuelle ; ils sont en outre ovipares, quelquefois ovovivipares, et habitent la terre ou l'eau.

§ 2. *Des acéphales.*

Outre la coquille, les acéphales présentent à considérer à l'extérieur la *bouche*, le *corps*, les *branchies*, le *pied* et le *manteau*.

1° La *bouche* est ordinairement placée auprès de l'un des muscles adhérents à la coquille ; elle est munie de quatre feuillets triangulaires qui agitent l'eau et la font entrer ainsi dans l'estomac.

2° Le *corps* est comprimé et enveloppé tout entier dans le manteau ; il adhère à la coquille par deux ou trois muscles cylindriques placés à chaque extrémité, qui servent à rapprocher les valves ou *battants* de la coquille.

3° Les *branchies*, au nombre de quatre, se présentent sous la forme de grands feuillets semi-lunaires placés immédiatement sous le manteau.

4° Le *pied* est un appendice musculeux comprimé que l'animal fait rentrer et sortir à volonté, et qui lui sert à se mouvoir.

5° Le *manteau* est une membrane qui enveloppe le corps et double intérieurement la coquille ; il est ouvert dans le sens des valves : en avant il présente deux ouvertures, l'une pour la sortie des aliments (*anus*), l'autre pour l'entrée de l'eau et des aliments (*trachée*). Dans le genre *cyclade*, ces ouvertures sont allongées en forme de trompes. La plus grêle de ces trompes est l'anus. Le manteau est encore l'organe sécréteur de la coquille.

Les acéphales sont privés de la vue, de l'ouïe et de l'odorat ; leur foie, très-volumineux, renferme dans son intérieur l'estomac et la plus grande partie du canal alimentaire. Ils sont hermaphrodites sans accouplement et souvent vivipares.

§ 3. *Des coquilles.*

Les coquilles ou tests sont des enveloppes calcaires destinées à protéger le mollusque qu'elles renferment. Nous avons vu qu'on les divisait en coquilles *univalves* habitées par des gastéropodes, et *bivalves* (à deux pièces) habitées par des acéphales. La science, qui a pour objet de les classer, porte le nom de *conchyliologie.*

1° *Des coquilles univalves.* — Elles se présentent tantôt sous la forme d'un cône à sommet recourbé (le genre *ancyle*), tantôt sous celle d'un cône allongé contourné en spirale et enroulé autour d'un axe, de manière à former, par l'ensemble de ses tours, un disque arrondi (les *planorbes*), ou bien une espèce de cylindre à sommet aminci (les *clausilies*), ou plus ordinairement un nouveau cône se rapprochant plus ou moins de la forme ovoïde ou globuleuse, exemple, l'escargot ordinaire (*hélice des vignes*). La *base* est la partie plus large opposée au *sommet ;* l'ensemble des tours que fait la coquille en se repliant sur elle-même porte le nom de *spire.* On nomme *columelle* l'axe autour duquel s'enroulent les différents tours de spire ; il correspond ordinairement à la convexité de l'avant dernier tour qui échancre souvent l'ouverture. Le tour supérieur est celui qui a été formé le premier ; il est le plus petit et constitue le *sommet* de la coquille. Le dernier tour (ou tour inférieur) est le plus grand et répond à l'ouverture. Le sillon qui sépare entre eux les tours de spire est appelé *suture.*

L'ouverture ou la *bouche* est la partie par où l'animal sort et rentre. Dans les descriptions, on suppose toujours la coquille posée de manière que son sommet ou sa pointe soit dirigé en haut, et son *ouverture* en bas, tournée vers l'observateur et un peu inclinée vers la terre (position qui est celle de la coquille lorsque l'animal marche).

Ainsi placés, les tours de spire, dans le plus grand nombre des coquilles, vont de droite à gauche. Quelques-unes pourtant offrent une disposition inverse ; on a soin de les désigner alors par l'épithète de *gauches* ou *senestres*, par opposition aux premières qui sont dites *dextres.*

On appelle partie ou *lèvre supérieure* ou *postérieure* de l'ouverture celle qui est en haut et qui répond à la convexité de l'avant-dernier tour ; *lèvre* ou *bord inférieur* ou *antérieur* la partie opposée ; *bord columellaire* celui qui avoisine l'axe de la coquille (*columelle*) et en est la continuation ; *bord latéral* ou *externe* le bord opposé au précédent. Pour les coquilles non senestres, le bord collumellaire est aussi nommé *bord gauche* ou *lèvre gauche* par les auteurs. Le pourtour de l'ouverture a reçu le nom de *péristome*. Il est dit *continu* quand il forme une courbe rentrante et que le bord latéral et le bord columellaire se réunissent ; *disjoint* quand il ne forme qu'un arc de courbe et que les deux bords sont séparés par la convexité de l'avant-dernier tour. C'est la forme du *péristome* la plus ordinaire.

Dans quelques espèces, l'animal peut fermer l'ouverture au moyen d'une pièce cartilagineuse adhérente au pied et marquée souvent de lignes concentriques. C'est l'*opercule* qu'il ne faut pas toutefois confondre avec la cloison temporaire membraneuse que forment certains gastéropodes (l'hélice des vignes, par exemple,) pour se défendre du froid ou de la chaleur. Cette cloison n'adhère pas à l'animal. On la désigne sous le nom d'*épiphragme*.

Le *dos* de la coquille est la partie bombée du tour de spire opposé à l'ouverture. L'*ombilic* placé près du bord collumellaire est la cavité centrale formée par les différents tours de la spire. Quand cette cavité est assez grande pour laisser voir un ou deux tours, la coquille est dite *ombiliquée*. On la nomme *perforée* si la cavité est très-petite, et *imperforée* quand l'ombilic est recouvert et fermé par l'extension du bord collumellaire.

La *longueur* ou *hauteur* d'une coquille est sa dimension depuis le sommet de la spire jusqu'à la base de l'ombilic (dans la hauteur dite *totale* on comprend l'ouverture). Sa *largeur* est l'étendue transversale du dernier tour de la spire, ou en général du tour le plus renflé, prise en passant par le plan de l'ouverture. Son *diamètre*, enfin, est la dimension de ce même tour prise dans la direction qui croise la précédente à angle droit. La *hauteur* et la *largeur* de l'ouverture sont les étendues prises dans le sens vertical et transversal du plan de cette ouverture.

Les autres définitions utiles à connaître sont les suivantes :
. Une coquille est dite :

Conoïde, c'est-à-dire ayant la forme d'un cône ;

Fusiforme, amincie aux deux bouts comme un fuseau ;

Globuleuse, ayant une hauteur au moins égale aux deux tiers du diamètre ;

Subdéprimée, ayant une hauteur moindre des deux tiers du diamètre ;

Aplatie, ayant une hauteur moindre que la moitié du diamètre ;

Discoïde, plane en forme de disque (exemple, les *planorbes*) ;

Striée, à surface marquée de lignes creuses ou élevées. Ces stries sont :

Longitudinales ou *transverses*, c'est-à-dire dirigées dans le sens de l'axe ;

Spirales, tournant avec la spire ;

Treillissées, se croisant ;

Coquille *hispide*, hérissée de poils (ces poils sont dits *caducs* quand ils tombent à mesure que la coquille grandit) ;

— *cornée*, brune de la couleur de la corne ;

— *fasciée*, marquée de bandes colorées tournant avec la spire ;

Bande *continuée*, celle qui, du tour inférieur, se continue extérieurement sur tous les autres tours ;

Coquille *flambée*, marquée de bandes ondulées interrompues.

Une couleur est *dermale* quand elle n'appartient qu'à l'épiderme de la coquille ;

Ouverture *ronde* exactement circulaire ;

— *arrondie*, de forme presque circulaire ;

— *semi-lunaire*, échancrée par la convexité de l'avant-dernier tour ;

— *dentée* ou *plissée*, munie de dents et de plis ;

Péristome *évasé*, qui s'élargit un peu en entonnoir ;

— *réfléchi*, replié en dehors ;

— *bordé* ou *marginé*, garni d'un bourrelet ;

— *simple*, qui n'est ni réfléchi ni bordé (exemple, les *gastéropodes fluviatiles*) ;

Spire *obtuse*, à sommet obtus ;

— *aiguë*, à sommet aigu ;

Tours de spire *carénés*, formant une saillie angulaire au lieu d'être arrondis ;

— *sub-carénés*, présentant une saillie angulaire un peu arrondie ;

— *turriculés*, quand la spire est allongée et que les tours sont peu convexes et à suture peu profonde.

2° *Des coquilles bivalves*. — Elles se composent de deux pièces appelées *valves* qui sont réunies et qui adhèrent entre elles par un de leurs bords nommé *charnière*.

On distingue dans chaque valve une surface extérieure convexe, une surface intérieure concave et des bords ou circonférence : 1° Une surface extérieure ; sa partie centrale la plus élevée s'appelle *dos* ou *ventre*. Près de la charnière on remarque une éminence mamelonnée ordinairement légèrement contournée en arrière, qu'on nomme *sommet* ou *crochet* (*nates*, Linnée) ; il est souvent dénudé et privé d'épiderme ; 2° une surface intérieure ordinairement brillante, nacrée ; on y aperçoit souvent tout près et vers chaque extrémité de la charnière, une cavité ou dépression arrondie superficielle formant les points d'attache à la coquille des muscles de l'animal ; elles portent le nom d'*impressions musculaires* ; l'une d'elles, qui est plus rapprochée du crochet et d'une éminence de la charnière que nous désignerons plus bas sous le nom de *dent cardinale*, est l'*empreinte musculaire postérieure* ; l'autre est dite *empreinte antérieure*. Il faut se rappeler pourtant que, dans le genre *cyclade*, les *empreintes musculaires* sont réunies ; 3° *bords* ou *circonférence*. La circonférence totale de chaque valve est divisée en quatre bords : un supérieur, un inférieur, un antérieur et un postérieur. Le bord *supérieur* est celui qui correspond à la charnière, il est le plus épais et le plus solide ; le bord *inférieur* lui est opposé ; le bord *postérieur* est indiqué le plus souvent par le sommet du crochet qui se dirige un peu en arrière ; il est en effet ordinairement plus rapproché des dents cardinales et du crochet que le bord *antérieur* qui lui est opposé. Ces deux bords sont aussi dits *latéraux*.

Comme on le voit, nous avons supposé avec Draparnaud

la coquille placée sur son tranchant ou bord inférieur, la charnière en haut; le bord postérieur en arrière tourné vers l'observateur, et le bord antérieur en avant.

Dans cette position, la valve *droite* est celle qui correspond à la droite de l'observateur, et la valve *gauche* celle qui se trouve à sa gauche. Linnée plaçait au contraire la coquille sur sa charnière, le tranchant en haut. La valve droite devenait alors la gauche pour lui, et *vice versa*.

La charnière est dans les bivalves la partie la plus importante à étudier. On y distingue : 1° un *ligament*, corps plus ou moins flexible garnissant en avant la charnière; 2° des *dents*, sortes d'excroissances pointues reçues dans des fossettes opposées de l'autre valve. Les dents principales placées près des crochets s'appellent *cardinales;* les autres dents dites *latérales*, *longitudinales* se présentent sous la forme de côtes ou de lames. Les coquilles du genre *anodonte* n'ont pas de dents.

En plaçant, comme nous l'avons dit, la coquille sur son tranchant, la charnière en haut et les crochets dirigés en arrière, on nomme *corcelet* (*vulva*, Linnée) la portion située en avant devant les crochets; cette portion est souvent séparée du reste de la surface extérieure des valves par une ligne plus ou moins saillante, et on appelle *lunule* (*anus*, Linnée) la portion située derrière les crochets.

Les coquilles bivalves sont dites :

Equivalves, quand les valves ont la même forme et la même grandeur ;

Inéquivalves, quand ces valves sont inégales ;

Equilatérales, quand les deux moitiés de chaque valve sont égales et semblables ;

Sub-équilatérales, quand elles sont à peine dissemblables ;

Inéquilatérales, quand ces deux moitiés ne sont pas égales ;

Transverses, quand les valves sont plus longues suivant la direction de la charnière que dans le sens opposé ;

Bâillantes, quand les valves réunies ne ferment pas exactement.

Les bords des valves peuvent être :

Sinués, présentant des sinuosités ;

Réniformes, creusés au milieu comme un rein.

La *hauteur* de la coquille est la distance des *sommets* au bord inférieur ; sa *longueur*, la distance du bord antérieur au bord postérieur ; son *épaisseur*, la distance du ventre d'une valve au ventre de l'autre. Les couleurs des coquilles bivalves sont toutes *dermales*.

II. — Du choix et de la recherche des coquilles.

Les coquilles terrestres se rencontrent en général dans les lieux humides, sous les pierres surtout à l'entrée de l'hiver, dans les haies, sur les rochers, sous la mousse, au pied des arbres, etc., le moment favorable pour les recueillir est le matin ou lorsque le temps est pluvieux. Les espèces fluviatiles doivent être recherchées dans les fossés garnis de plantes marécageuses où elles adhèrent, dans les marais, les sources, etc. On peut se procurer aussi les petites espèces terrestres ou fluviatiles, qui sont plus difficiles à trouver, en les recherchant dans les alluvions des rivières et des torrents. C'est ainsi qu'on rencontre en abondance, sur les bords du Drac ou de l'Isère, le *Carychium minimum, C. lineatum ;* le *Pupa marginata*, le *Vertigo muscorum , V. pygmæa ;* l'*Achatina lubrica, A. acicula ;* l'*Helix fulva, H. hispida, H. cristallina, H. pulchella*, etc. Mais il est préférable de les recueillir à l'état frais. Lorsque l'on récolte, en effet, des coquilles, il est essentiel de ne prendre que celles qui sont *vivantes*, c'est-à-dire renfermant l'animal ; sans cette précaution l'on s'exposerait à des erreurs. L'animal est d'ailleurs souvent nécessaire pour la détermination de l'espèce. Une autre cause d'erreur à éviter est de récolter des coquilles jeunes et non encore développées. Il faut se rappeler : 1° que ces coquilles non adultes ont un péristome plus mince et plus fragile, qui n'est ni denté ni marginé dans les espèces qui le sont plus tard ; 2° qu'elles ont en outre la spire composée d'un nombre moindre de tours ; 3° que toutes les espèces imperforées sont perforées dans leur jeunesse ; 4° que, dans un grand nombre d'*hélices*, l'ouverture est alors obtusément tétragone, et que la coquille est *subcarénée* ; 5° que très-fréquemment aussi, dans les *hélices adultes*, la suture de l'extrémité du tour inférieur s'écarte de la ligne qu'elle semblait devoir suivre et se

2

courbe vers l'ouverture. L'absence de ce caractère indiquerait
alors que la coquille n'a pas encore acquis tout son dévelop-
pement. Du reste, on sépare facilement l'animal de sa coquille
après avoir plongé celle-ci dans l'eau bouillante. Ces coquilles
sont ensuite conservées dans des boîtes convenablement éti-
quetées.

DESCRIPTION DES ESPÈCES.

———◦●◦———

1ʳᵉ DIVISION.

GASTÉROPODES (Cuvier).
(Mollusques pourvus de têtes.)

1ʳᵉ SECTION.

Mollusques terrestres à quatre tentacules, les supérieurs oculés sans opercule.

§ 1er. — Mollusques terrestres dépourvus de coquilles extérieures (vulgairement *limaces*), corps conjoint avec le pied.

1ᵉʳ GENRE.

ARION (Férussac). (*Limax*, Draparnaud). — Corps allongé demi-cylindrique, peau rugueuse sillonnée, cuirasse sur le dos, dépourvue de limacelle, contenant en arrière et intérieurement *une couche de petites particules* calcaires et cristalliformes ; orifice de la cavité pulmonaire situé au bord droit et *à la partie antérieure de la cuirasse;* un pore muqueux terminal à l'extrémité postérieure du corps.

Espèces.

1° *Arion rufus* (Fér.). Arion roux (*Limax rufus*, Drap.). — Limace épaisse atteignant rarement 14 centimètres de longueur, d'un jaune de rouille, clair (sur les montagnes) ou brunâtre d'une manière plus ou moins intense; tentacules noirâtres ainsi que la partie supérieure de la tête où l'on remarque trois lignes noires longitudinales, trou pulmonaire fort grand, mucus abondant d'un blanc sale (lieux humides, bords des chemins ; commun).

2° *Arion subfuscus* (Fér.). A. brunâtre (*Limax subfucus*, Drap.). — Moins épais et moins gros que le précédent dont il n'est peut-être qu'une variété, manteau et dessus du corps d'un brun foncé marqué d'une bande noire de chaque côté, tentacules noirâtres, quatre raies noires sur la tête, dessous de l'animal blanchâtre et jaunâtre au milieu (lieux ombragés).

3° *Arion ater* (Fér.). A. noirâtre (*Limax ater*, Drap.). — Animal totalement noir avec le pied d'un rouge brunâtre plus ou moins foncé ; le cou, plus pâle, offre quatre ou cinq lignes noirâtres ; mucus blanc ou jaunâtre ; il est moins épais que l'arion rufus dont il ne serait qu'une variété d'après Brard (jardins, champs, bois).

2e GENRE.

Limax (Drap.).— Corps allongé plus ou moins cylindrique, aminci vers la partie postérieure qui est plus ou moins *caré-née* supérieurement ; manteau ou cuirasse située à la partie antérieure du dos, renfermant une *limacelle;* peau rugueuse, mais moins que chez les arions; orifice de la cavité pulmonaire situé à droite et *à la partie postérieure* de la cuirasse; pore muqueux terminal, nul (animaux très-visqueux, plus agiles que les arions).

Espèces.

1° *Limax gagates* (Drap.). Limace jayet. — Animal assez effilé, luisant, noir surtout en-dessus, de 5 centimètres de longueur lorsqu'il est allongé; tentacules supérieurs assez longs, renflés et rapprochés à leur base ; les inférieurs très-courts. Quelquefois le manteau est recouvert d'un second plan plus élevé, qui semble être une seconde cuirasse ; le milieu du dos est assez caréné; trou pulmonaire petit (sentiers, gazons des pays chauds).

2° *Limax cinereus* (Drap.). Limace cendrée. — La plus grande du pays, longue de 6 à 12 centimètres; elle atteint jusqu'à 2 décimètres ; très-allongée, de couleur cendrée, gris vineux ou rougeâtre, ordinairement marquée de belles taches noires disposées sans ordre sur la cuirasse, mais rangées sur le reste du corps en forme de bandes plus ou moins interrompues ; cuirasse ovale, oblongue ; l'animal est très-caréné en arrière et très-agile ; tentacules, tête et cou de couleur cendrée, ou fauve, ou roussâtre (jardins, bois : environs de Grenoble).

3° *Limax agrestis* (Drap.). Limace agreste. — Jaunâtre, grisâtre ou cendrée, n'atteignant guère plus de 5 à 6 centimètres de longueur ; le corps et le manteau sont souvent marqués de taches brunes irrégulières ; il existe quelquefois de chaque côté du corps une bande noire ; dos arrondi en avant, *caréné* en arrière ; trou pulmonaire petit, entouré le plus souvent d'un bord blanc ; mucus blanc très-abondant (très-commune dans les jardins et les champs).

4° *Limax variegatus* (Drap.). Limace tachetée. — Animal de couleur variable, ordinairement d'un jaune verdâtre ou un peu roux, quelquefois d'un gris jaunâtre, rugueux, marqué en-dessus de taches noirâtres peu foncées et qui forment une espèce de réseau ; tentacules bleuâtres ; tubercule blanc au-dessous du tentacule supérieur droit ; sillon entre les deux tentacules supérieurs ; *pas de carène* en arrière ; longueur 12 à 13 centimètres (lieux humides, caves).

§ 2. — Mollusques terrestres pourvus de coquilles extérieures ; corps distinct du pied.

3ᵉ GENRE.

TESTACELLUS. Testacelle (Faure-Biguet). *Testacella*, (Drap.). — Corps très-allongé, cylindroïde, recouvert à sa partie postérieure par une très-petite coquille (terrestre).

Coquille très-comprimée en forme de cône spiral très-oblique ; tours de spire à peine un et demi ; ouverture très-grande en forme de cuiller.

Espèce.

Testacellus haliotideus (Faure-Biguet). Testacelle ormier. — Animal semblable à une limace, ordinairement d'un roux plus ou moins pâle, quelquefois tacheté. Coquille présentant les caractères du genre ; hauteur totale, en y comprenant l'ouverture, 10 à 11 millimètres ; hauteur de l'ouverture, 9 millimètres ; l'animal a 70 millimètres de long. (Montélimar, Loriol, etc., département de la Drôme ; département de l'Isère? Ce testacelle habite sous terre).

4ᵉ GENRE.

Vitrina. (Drap.) Vitrine. — Animal terrestre, allongé, presque droit; corps séparé postérieurement du pied; quatre tentacules, les inférieurs fort courts. Coquille petite, fragile, translucide, le dernier tour très-grand; ouverture grande, arrondie, à bords tranchants, échancrée par l'avant-dernier tour de spire; trois à quatre tours de spire au plus.

Espèces.

1° *Vitrina pellucida* (Drap.). Vitrine transparente. — Animal blanchâtre, manteau pourvu d'un appendice qui s'applique en dehors sur la coquille. Coquille un peu aplatie, d'un vert clair, très-luisante, très-transparente, mince, fragile, imperforée; ouverture très-grande, ovale, aussi large en haut qu'en bas; bord columellaire moins avancé que le bord latéral; péristome simple; trois tours de spire; hauteur, 3 millimètres; largeur, 5 à 8 millimètres; diamètre, 4 à 6 millimètres (commune sur les coteaux, sous les pierres, Bastille, etc.).

2° *Vitrina sub-globosa* (Michaud). Vitrine globuleuse. — Coquille sub-globuleuse se rapprochant de la forme des hélices, d'un vert tendre, transparente, luisante, sub-perforée; ouverture plus arrondie que dans l'espèce précédente; sommet saillant, mameloné; quatre tours de spire; hauteur, 3 à 4 millimètres; diamètre, 4 à 5 millimètres (Alpes, Grande-Chartreuse; rare).

5ᵉ GENRE.

HÉLIX (Linnée, Drap.). Hélice. — Animal terrestre pourvu d'un manteau entourant le cou comme un collier, quatre tentacules obtus au sommet. Coquille orbiculaire, le plus souvent globuleuse ou conique, rarement discoïde, quelquefois carénée et aplatie; sommet mousse, arrondie; péristome ordinairement discontinu, échancré par l'avant-dernier tour, quelquefois denté.

Espèces.

I. — *Coquille conique.*

A. Perforée.

1° *Helix bidentata* (Férussac). Hélice bidentée. — Animal d'un gris noirâtre. Coquille conique brune ou fauve, légèrement striée, tachetée parfois de petits points noirs, convexe et luisante en dessous; dernier tour subcaréné, surmonté d'une fascie blanchâtre; ouverture transverse, trois fois plus large que haute; péristome réfléchi blanc rosâtre, armé de deux dents obtuses blanchâtres; fente ombilicale très-petite; huit tours de spire; hauteur, 7 millimètres; diamètre, 8 millimètres (les Alpes, dans les forêts, sous les feuilles mortes; rare).

2° *Helix edentula* (Drap.). Hélice édentée. — Animal transparent, blanchâtre en dessus; cou et tentacules noirâtres. Coquille conique, cornée, brune, striée, hispide dans sa jeunesse; dernier tour légèrement caréné; ouverture très-comprimée; péristome réfléchi recouvrant presque en entier l'ombilic, et bordé en dedans d'un bourrelet blanc; sept tours de spire; hauteur, 5 millimètres; diamètre, 7 millimètres; largeur de l'ouverture, 4 millimètres; hauteur, 1 millimètre et 1/2 (montagnes, la Grande-Chartreuse, les Balmes, etc.).

3° *Hélix unidentata* (Drap.). Hélice unidentée. — Coquille conique, cornée, brune, striée, hispide; dernier tour subcaréné; carène blanchâtre; ouverture comprimée; péristome réfléchi vers l'ombilic, bordé en dehors d'une bande rougeâtre, en dedans d'un bourrelet blanc, surmonté en bas d'une dent assez saillante; coquille moins élevée, plus obtuse que la précédente à laquelle elle ressemble beaucoup du reste; ombilic plus ouvert; ouverture moins comprimée; péristome moins réfléchi; six tours de spire; hauteur, 5 millimètres et 1/2; diamètre, 8 millimètres (Grande-Chartreuse, Alpes; rare).

4° *Hélix rugosiuscula* (Michaud). Hélice rugosiuscule. — Coquille un peu conique, convexe en dessous, perforée, presque ombiliquée, régulièrement striée longitudinalement, d'un gris pale, quelquefois noirâtre; ouverture arrondie, mais très-légèrement déprimée du côté de l'ombilic; péristome presque réfléchi, bordé intérieurement; sommet un peu fauve, très-peu striée; cinq tours de spire, le dernier un peu caréné; hauteur, 4 millimètres; diamètre, 6 à 7 millimètres. Cette coquille ressemble à l'*Helix conspurcata*, mais elle en diffère par ses stries plus prononcées, par sa taille plus petite et par son ombilic un peu moins ouvert (Alpes du côté de Gap).

B. Imperforée.

5° *Helix fulva* (Drap). Hélice fauve.— Animal noirâtre en-dessus. Coquille un peu conique et globuleuse, cornée brune ou fauve ; stries très-peu sensibles ; sommet obtus; ouverture comprimée, beaucoup plus large que haute; péristome simple; spire de cinq tours, le dernier un peu caréné; hauteur, 2 à 2 millimètres et 1/2 ; diamètre, 3 millimètres; hauteur de l'ou-verture, 3/4 à 1 millimètre ; largeur, 2 millimètres (envi-rons de Grenoble, rochers, murs humides, remparts de la ville, etc.).

II. — *Coquille globuleuse.*

A. Ombiliquée.

6° *Helix rupestris* (Drap.). — Hélice des rochers. — Ani-mal noirâtre, tentacules inférieurs à peine visibles à la loupe. Coquille très-petite, globuleuse, conique, brune, noire quand elle renferme l'animal, mince, transparente; stries très-ser-rées; suture très-profonde; sommet obtus; ouverture très-arrondie, presque circulaire; péristome simple, blanchâtre ; ombilic médiocrement ouvert; quatre tours très-convexes; hauteur, 2 millimètres; diamètre, 2 millimètres (rochers, murs humides, environs de Grenoble, etc.; commune).

7° *Helix fruticum* (Muller). Hélice trompeuse. — On en compte trois variétés : 1° *A* toute blanche, 2° *B* marqué d'une bande colorée, 3° *C* couleur de corne. La couleur de l'ani-

mal varie comme celle de la coquille, il est souvent jaunâtre , soufré , pointillé de traits noirâtres ; cette couleur est apparente au travers de la coquille et disparaît lorsque l'on en
a retiré l'animal ; de là le nom d'*Hélice trompeuse*. Coquille
globuleuse, assez lisse, transparente et finement striée longitudinalement ; suture assez profonde ; ouverture très-arrondie semi-lunaire ; péristome très-évasé, épaissi et comme
garni d'un bourrelet intérieur ; bord columellaire plus avancé
que le latéral ; ombilic large et profond ; cinq à six tours ;
hauteur, 12 millimètres ; diamètre, 18 à 19 millimètres (sur
tous les coteaux des environs de Grenoble, le long du Drac ,
etc.; commune. Var. *B*, Moirans, bords de l'Isère, etc.).

8° *Helix strigella* (Drap.). Hélice strigelle. — Animal gris
marqué de points ou lignes noires qui paraissent au travers de
la coquille ; celle-ci est globuleuse, plus aplatie, plus petite que
la précédente à laquelle elle ressemble du reste beaucoup ; elle
est marquée de stries longitudinales très-apparentes ; sa couleur
est d'un brun pâle ou corné clair, quelquefois grisâtre ou jaunâtre ; l'ouverture est arrondie ; le péristome est évasé, à
bourrelet intérieur blanc ; ombilic large ; cinq et demi à six
tours, le dernier orné souvent d'une légère bande blanchâtre ;
hauteur , 8 millimètres ; diamètre, 12 à 14 millimètres (environs de Grenoble, Lyon , coteaux, etc.). Cette espèce est
quelquefois légèrement hispide ; elle n'est peut-être qu'une
variété de la précédente à laquelle elle passe par des nuances
insensibles.

9° *Helix variabilis* (Drap.). Hélice variable. — Animal pâle
ou noirâtre, collier souvent d'un noir violet. Coquille de forme
et de grandeur variable, globuleuse, blanche, striée ; le dernier tour est marqué de plusieurs bandes brunes ou fauves ,
la bande supérieure seule se continue sur les autres tours ;
les autres, souvent interrompus, bigarrés, plongent à l'intérieur de la coquille ; ouverture arrondie ; péristome brun ,
rougeâtre en dedans et garni d'un bourrelet ; ombilic peu évasé ;
cinq à six tours de spire , dont le plus petit au sommet est lisse
et brun ; hauteur, 6 à 12 millimètres ; diamètre, 7 à 15 millimètres (environs de Grenoble? coteaux ; rare).

B. Perforé ou à ombilic marqué d'une fente oblique.

10° *Helix pomatia* (Linnée). Hélice vigneronne. — Animal gros, coriace, pâle un peu grisâtre. Coquille la plus grosse des hélices de nos pays, globuleuse, dure, de couleur fauve, roussâtre ou jaune sale, fortement et inégalement striée en long, à l'exception du premier tour qui est lisse ; deux à trois fascies blanchâtres plus ou moins apparentes sur le dernier tour qui est très-grand relativement aux autres ; péristome évasé et nu, réfléchi du côté du trou ombilical qu'il recouvre presque en entier ; épiphragme blanc, dur, convexe en dehors ; quatre tours et demi ; hauteur, 30 millimètres ; hauteur totale, 45 millimètres ; diamètre, 35 millimètres. On a rencontré, mais très-rarement, cette coquille *gauche.* Dans une autre variété également rare, la spire est torse et allongée en forme de tire-bouchon ; la suture est par conséquent très-enfoncée (commune dans toutes les vignes, employée comme aliment et en médecine).

11° *Helix arbustorum* (Lin.). Hélice porphyre. — Animal noir, granuleux en dessus. Coquille globuleuse, striée, de couleur ordinairement brune, jaunâtre ou verdâtre avec de petites taches jaunes ou bien grises et même violâtres, marbrée agréablement de taches blanches ; une seule bande colorée qui s'étend sur tous les tours et qui manque rarement ; ouverture médiocre, demi-ovale ; péristome blanc, épaissi, réfléchi ; cinq à six tours ; hauteur, 11 à 14 millimètres ; diamètre, 15 à 19 millimètres (montagnes, St-Eynard, Sassenage, etc.).

C. Imperforé.

12° *Helix aspersa* (Lin.). Hélice chagrinée. — Animal verdâtre, noirâtre en dessus ; cou ridé et marqué d'une bande jaunâtre, coquille globuleuse, striée, dure, à surface parsemée de petites dépressions qui la font paraître chagrinée, d'un jaune foncé, clair ou fauve, marquée ordinairement de quatre bandes brunes et larges, quelquefois réunies deux à deux ; ces bandes sont interrompues, marquetées, quelquefois effacées ;

des quatre bandes qui se trouvent sur le dernier tour, les deux supérieures se continuent extérieurement; les deux inférieures plongent dans l'intérieur, l'avant-dernière étant coupée par l'insertion du bord latéral; suture assez profonde, dernier tour très-grand relativement aux autres; ouverture grande, demi-ovale, plus haute que large; péristome blanc, épaissi, réfléchi en dehors; quatre tours et demi de spire; hauteur jusqu'à l'ombilic, 25 millimètres; hauteur totale, 35 millimètres; diamètre, 28 millimètres; hauteur de l'ouverture, 20 millimètres; largeur, 17 à 18 millimètres (très-commune dans les jardins, au pied des murs. Elle peut remplacer, comme aliment, l'hélice des vignes).

13° *Hélix sylvatica* (Drap.). Hélice sylvatique. — Animal chagriné, une raie blanche sur le cou, une noire de chaque côté, pied terminé postérieurement en angle. Coquille globuleuse, assez mince et légère, striée en long, ordinairement blanche en dessus, jaunâtre en dessous; spire marquée de de deux à cinq bandes brunes plus ou moins *interrompues*, surtout en dessus; ouverture plus longue que large; péristome brun violet au bord et garni en dedans d'un bourrelet blanc; bord columellaire assez droit et même un peu avancé et bossu dans son milieu; cinq tours assez convexes de spire; hauteur jusqu'à l'ombilic, 12 millimètres; diamètre, 16 à 17 millimètres. Cette espèce est ordinairement plus petite que la suivante dont elle se rapproche. On l'en distingue aussi en ce que la convexité de l'avant-dernier tour n'est pas ordinairement brunâtre à l'entrée de la bouche. On en compte des variétés depuis une jusqu'à cinq bandes (montagnes élevées des environs de Grenoble, Chartreuse, etc.). On rencontre à Isis, au-dessus de Noyarey, et à la Grande-Chartreuse, une variété curieuse de cette coquille : elle est jaunâtre ou blanche y compris le péristome, et les bandes sont transparentes.

14° *Hélix nemoralis* (Lin.). Hélice némorale ou livrée. — Animal allongé, jaunâtre ou brun; dos plus ou moins brunâtre. Coquille globuleuse, de couleur variable, blanche, jaune ou rosâtre, lisse, légère, finement striée en long, non fasciée ou marquée d'une à cinq, très-rarement six ou sept bandes; ouverture médiocre, arrondie inférieurement et au bord latéral, non au bord columellaire qui est presque droit, quoique présentant en dedans une très-petite bosse ou saillie ; péristome évasé garni d'un bourrelet intérieur coloré en brun foncé, surtout vers l'ombilic ; cette teinte s'étend au-dedans sur la convexité de l'avant-dernier tour ; cinq tours de spire ; hauteur, 15 à 16 millimètres ; diamètre, 23 à 24 millimètres ; largeur, 12 à 13 millimètres (très-commune, se rencontre dans les haies, les vignes, les bois, etc.).

Les amateurs de collections ont distingué un très-grand nombre de variétés de cette jolie coquille. Ce nombre pourrait égaler à la rigueur cent quatre-vingt dix-huit. En effet, dans l'*Hélice némorale* à cinq bandes, qui est le type de l'espèce, on remarque deux bandes inférieures *non continuées*, et trois bandes supérieures *continuées* et ordinairement (surtout les deux plus rapprochées du sommet) moins larges que les premières. Ces cinq bandes peuvent être désignées par l'ordre numérique premier, deuxième, troisième, etc., en comptant de haut en bas ; les deux bandes inférieures quatrième et cinquième peuvent éprouver cinq modifications principales : 1° exister toutes deux, 2° se confondre et être réunies, 3° la quatrième peut manquer, 4° la cinquième peut manquer, 5° elles peuvent manquer toutes deux.

Les trois bandes supérieures peuvent, de leur côté, présenter treize modifications : *A* exister toutes trois, *B* être toutes réunies, *C* troisième et deuxième réunies, première existant ; *D* première et deuxième réunies, troisième existant; *E* troisième et deuxième réunies, première manquant ; *F* première et deuxième réunies, troisième manquant ; *G* troisième et deuxième exister séparément, première manquant ; *H* troisième et première exister, deuxième manquant ; *I* première et deuxième exister séparément, troisième manquant ; *J* troisième exister, première et deuxième manquant ; *K* deuxième exister, troisième et première manquant; *L* première exister, deuxième et troisième manquant ; *M* elles peuvent manquer toutes trois. Ces treize modifications, en se combinant une à une avec les cinq premières modifications, forment soixante-cinq variétés. Le fond de la coquille elle-même pouvant être jaune, rougeâtre ou blanc pour chaque variété, en porte le nombre à trois fois soixante-cinq ou cent quatre-vingt quinze. Si l'on joint à cela deux variétés très-rares à six et à sept bandes, et une variété brunâtre ou marron provenant de la réunion de toutes les bandes entre elles, on aura cent quatre-vingt quinze variétés.

Comme il serait trop long de désigner chacune d'elle par une lettre, ainsi que cela se fait ordinairement, on pourrait adopter la notation suivante : chacune des cinq bandes, en allant de bas en haut, serait indiquée par une des cinq voyelles *a*, *e*, *i*, *o*, *u*, suivant le rang qu'elles occupent, et on désignerait chaque variété par les voyelles correspondantes aux bandes qui existent. Ainsi la variété à cinq bandes serait désignée ainsi : v. (a e i o u); la variété à deux bandes *inférieures* non continués serait indiquée par v. (a e), et ainsi de suite. Lorsque deux bandes seraient réunies, on désignerait cette réunion par les lettres correspondantes rapprochées. Ainsi, la variété dans laquelle les deux bandes supérieures et les deux inférieures sont réunies deux à deux, la moyenne existant, serait (*ae*, *i*, *ou*). On joindrait à cette notation l'épithète *blanche*, *jaune* ou *rosée*, indiquant la couleur du fond. Il s'en faut au reste que toutes les variétés possibles existent. Les plus fréquentes sont les variétés sans bandes, (v. *infasciata*), à deux bandes inférieures, v. (a e); à trois bandes inférieures, v. (a e i); à une bande moyenne, v. (i); à quatre bandes, v. (a e i u) et (a e i o); à cinq bandes, var. (a e i o u), etc.

15° *Helix hortensis* (Muller). Hélice des jardins. — Cette espèce ressemble beaucoup à la précédente dont elle n'est probablement qu'une variété. Elle en diffère en ce qu'elle est plus petite, que sa spire est un peu moins élevée, et surtout que son péristome est très-blanc; quatre et demi à cinq tours; hauteur, 12 millimètres; diamètre, 18 millimètres (Alpes, Chartreuse; rare).

III. — *Coquille sub-déprimée*

A. Imperforée.

16° *Helix undulata* (Michaud). Hélice ondulée.— Coquille orbiculaire, blanchâtre, striée en long, ornée en dessus de taches brunes longitudinales, ondées et parallèles; d'autres taches carrées forment au-dessous une ou plusieurs bandes; ouverture presque aussi haute que large, avec une teinte noirâtre sur la columelle; péristome réfléchi; sommet roux et lisse; bord latéral assez rapproché du columellaire; cinq tours de spire convexes; hauteur, 9 millimètres; diamètre, 16 à 17 millimètres (sud du département, environs de Gap; rare). Elle diffère à peine de l'*Helix serpentina* des auteurs.

17° *Helix personata* (Lamarck). Hélice grimace.— Animal noir, pied blanchâtre, tentacules gros et courts. Coquille brune, cornée, ornée de poils longs et très-caducs; ouverture curieuse, presque triangulaire, à péristome brun pâle, réfléchi en dehors, dilaté en dedans, armé de trois dents blanches, une sur le bord latéral, l'autre sur le bord columellaire, la troisième en haut; celle-ci est très-large, et, en s'étendant de côté et d'autre, elle fait paraître le péristome continu; cinq tours de spire; hauteur, 6 millimètres; diamètre, 10 millimètres (fentes de rochers garnies de mousses, Grande-Chartreuse, etc.).

B. Perforée.

18° *Helix cinctella* (Drap.). Hélice cinctelle.— Animal pâle, grisâtre, transparent, taché de blanc et de rouille; taches visibles au travers de la coquille; yeux noirs. Coquille de forme à peu près conique, carénée, brunâtre cornée, mince, fragile, transparente; carène aiguë marquée au dernier tour d'une ligne blanche bien nette qui se continue sur le tour suivant; ouverture semi-lunaire, anguleuse; péristome simple; trou ombilical très-étroit, souvent imperceptible; cinq à cinq tours et demi peu convexes; hauteur, 6 millimètres; diamètre, 9 millimètres (Vienne, Valence).

19° *Helix ciliata* (De Férussac). Hélice ciliée. — Coquille orbiculaire, convexe des deux côtés, couleur de corne pâle; de petites lames placées par séries longitudinales la rendent rugueuse; dernier tour caréné et *cilié*; les cils qui hérissent la carène sont en forme de petites lames triangulaires dont la partie la plus étroite est collée sur la coquille; ouverture un peu déprimée du côté de l'ombilic; péristome simple, semiréfléchi ; sommet mamelonné, lisse ; les lames sont caduques dans la vieillesse de l'animal, alors la coquille est très-scabre ; six tours peu convexes ; hauteur, 5 à 6 millimètres ; diamètre, 10 à 11 millimètres (le département du Var ; indiquée dans les Alpes).

20° *Helix incarnata* (Muller). Hélice douteuse (Drap.). — Animal couleur de chair, tête noire, tentacules grisâtres, pied pâle ; on remarque dessus une petite bosse qui correspond à l'ombilic lorsque l'animal marche. Coquille globuleuse, un peu déprimée, dure, *cornée claire*, transparente, finement striée et un peu carénée ; elle est par fois recouverte d'un épiderme caduc qui rend souvent sa surface légèrement hérissée de petites lames membraneuses ; à la loupe, elle paraît finement striée en deux sens ; spire obtuse au sommet ; la carène du dernier tour est marquée d'une ligne blanchâtre ; ouverture demi-ovale, semi-lunaire, oblique, le bord columellaire étant plus long que le bord latéral et un peu sinueux ; péristome réfléchi, *violâtre* ou de couleur *pâle de chair*, garni en dedans d'un bourrelet très-saillant et bordé en dehors d'une bande circulaire fauve ; cette coquille, étant fraîche, a souvent une teinte couleur de chair tirant sur le fauve ; elle ressemble du reste à l'*Helix carthusiana* et *carthusianella*, mais elle est plus globuleuse, l'ouverture est plus arrondie et plus évasée ; six tours graduellement croissant, dont les deux premiers sont lisses ; hauteur, 8 à 9 millimètres ; largeur, 14 à 16 millimètres (bois, environs de Grenoble).

21° *Helix carthusianella* (Drap.). Hélice bimarginée. — Animal pâle, légèrement cendré en dessus, jaunâtre en dessous, marqué de tâches noires et jaunes visibles au travers de la coquille. Coquille blanchâtre, quelquefois un peu rougeâtre, lisse, transparente, solide quoique assez mince ; dernier tour assez grand, non sensiblement caréné, marqué souvent d'une ligne dorsale lactée ; ouverture ovale, plus large que haute, comme écrasée, le bord columellaire étant peu courbé ; péristome un peu évasé, brun rougeâtre, marqué en dedans d'un bourrelet blanchâtre, et extérieurement d'une bande lactée ; cinq et demi à six tours ; hauteur, 6 à 7 millimètres ; diamètre, 10 à 12 millimètres (bord des ruisseaux sur les roseaux, lieux humides, coteaux ; commune aux environs de Grenoble).

22° *Helix carthusiana* (Muller). Hélice Chartreuse. — Animal et coquille semblables à l'espèce précédente ; mais la coquille est plus grande, moins lisse, moins aplatie, sans ligne blanchâtre sur le dernier tour ; l'ouverture est plus arrondie et moins écrasée ; l'ombilic un peu plus ouvert ; péristome blanchâtre, un peu rouillé, bordé de blanc en dehors et en dedans ; cinq et demi à six tours ; hauteur, 8 millimètres ; diamètre, 12 millimètres (Midi, Grande-Chartreuse).

23° *Helix glabella* (Drap.). Hélice glabelle. — Animal noirâtre, tentacules grêles assez longs. Coquille corné clair, un peu roussâtre, quelquefois brunâtre, transparente, finement striée, sub-caréné ; la carène du dernier tour est souvent marquée d'une ligne blanche ; ouverture très-arrondie, semilunaire, aussi large que haute ; péristome bordé de blanc ; cinq à cinq tours et demi qui croissent progressivement ; hauteur, 4 à 5 millimètres ; diamètre, 7 à 8 millimètres ; hauteur de l'ouverture, 3 millimètres et 1/2. (Brard regarde cette espèce comme la même que l'*Helix hispida*, dépourvue accidentellement de poils ; mais l'ombilic est plus étroit, l'ouverture plus arrondie ; il n'y a pas de bourrelet intérieur.) (Grenoble, Lyon.)

24° *Helix sericea* (Muller). Hélice pubescente. — Animal roussâtre en dessus, jaunâtre en dessous. Coquille un peu globuleuse, sub-déprimée, corné clair et jaunâtre, sub-carénée, hérissée de poils *jaunâtres* allongés, recourbés ; ouverture arrondie, semi-lunaire, moins haute que large ; péristome simple, garni quelquefois d'un bourrelet enfoncé très-peu saillant qui, par la transparence de la coquille, paraît au-dehors comme une bande circulaire jaunâtre ; ombilic assez étroit que cache en petite partie le renversement du bord columellaire ; quatre et demi à cinq tours qui augmentent graduellement ; hauteur, 4 à 5 millimètres ; diamètre, 6 à 7 millimètres (lieux très-humides, gazons des bords des fossés, environs de Grenoble, etc.). On la distingue facilement de l'*Helix hispida*, par l'absence ou la moindre saillie du bourrelet intérieur, par ses poils moins caducs et par l'étroitesse de l'ombilic.

25° *Helix revelata* (Michaud). Hélice révélée. — Coquille orbiculaire presque globuleuse, légèrement striée, transparente, d'un vert pâle, luisante, très-mince et légère, hispide ; poils rares et courts disposés irrégulièrement ; péristome simple, tranchant ; ouverture ronde ; sommet mamelonné ; cinq tours convexes, le dernier plus grand relativement aux autres ; hauteur, 4 à 5 millimètres ; diamètre, 7 millimètres (les vallons des Alpes ; rare). Cette coquille, très-voisine de l'*Helix sericea* (Drap.), s'en distingue en ce qu'elle est plus petite, plus ombiliquée, d'une couleur plus foncée ; l'ouverture est plus arrondie, la spire moins élevée et la suture plus profonde ; elle est en outre plus transparente, et les poils sont plus courts et moins réguliers.

26° *Hélix plebeia* (Mich.). Hélice plébéïe (*Helix plebeium*, Drap.). — Animal chagriné, noirâtre, tentacules courts. Coquille brunâtre cornée, légèrement striée, mince, hérissée de lames brunes ou de poils très-caducs recourbés ; dernier tour sub-caréné, marqué d'une bande blanchâtre ; ouverture demi-ovale, circulaire, aussi haute que large, quelquefois bordée à l'intérieur d'un bourrelet blanc qui paraît au-dehors à cause de la transparence de la coquille ; bord columellaire un peu plus long que le latéral ; ombilic très-peu ouvert ; suture peu profonde ; cinq et demi à six tours qui augmentent graduellement ; hauteur, 4 à 5 millimètres ; diamètre, 6 à 7 millimètres (Grande-Chartreuse, Lyon, etc.).

C. Ombiliquée.

27° *Helix lucida* (Drap.). Hélice lucide. — Animal *noir*, tentacules filiformes. Coquille déprimée, un peu convexe en dessus, brune, cornée, lisse, *très-luisante*, très-légèrement striée ; ouverture médiocre, très-arrondie ; péristome simple ; dernier tour *beaucoup plus grand* que les autres. Cette coquille se rapproche pour la forme de l'*Helix nitida*. Quatre et demi à cinq tours ; hauteur, 3 millimètres ; diamètre, 5 millimètres ; largeur, 6 millimètres (Grenoble, bords des fossés, sous les pierres humides).

28° *Helix hispida* (Lin.). Hélice hispide. — Animal noir, pâle ou grisâtre. Coquille brune, cornée, mince, finement striée, hérissée de poils recourbés, blancs, très-caducs, ou de petites lames luisantes ; spire assez déprimée ; dernier tour plus grand que les autres à proportion, un peu caréné, marqué ordinairement d'une ligne blanchâtre ; ouverture demi-ovale, arrondie ; péristome simple ou le plus souvent bordé en dedans d'un bourrelet très-saillant près de l'ombilic, cinq à cinq tours et demi ; hauteur, 4 à 5 millimètres ; diamètre, 7 à 8 millimètres ; largeur de l'ombilic, 1 et 1/2 à 2 millimètres (très-commune aux pieds des arbres, sous les pierres des rouloirs aux environs de Grenoble, etc.). On la rencontre le plus souvent privée de poils.

29° *Helix villosa* (Drap.). Hélice velue. — Animal blanchâtre, pied étroit terminé en angle presque aigu. Coquille ressemblant un peu à l'*Helix strigella* et *hispida*, assez déprimée, d'un brun pâle, mince, transparente, striée en long, couverte de poils longs, jaunâtres, luisants, recourbés, ce qui la distingue de l'*Helix hispida ;* sommet très-obtus ; suture profonde ; ouverture ovale arrondie ; péristome évasé, surtout du côté de l'ombilic, bordé en dedans ; ombilic très-ouvert, cinq à cinq tours et demi convexes : hauteur, 6 millimètres ; diamètre, 12 millimètres (environs de Grenoble, montagnes, Grande-Chartreuse, Sassenage, près des Cuves, etc.). Il est assez rare de la trouver adulte et bien conservée.

30° *Helix conspurcata* (Drap.). Hélice sale. — Animal pâle, légèrement noirâtre en dessus. Coquille assez déprimée surtout avant l'âge adulte, grise ou roussâtre, hérissée de poils caducs, mous et déliés ; stries longitudinales prononcées, serrées, inégales ; elle est comme marquetée en dessus par des taches brunes ou fauves ; souvent elle a en dessous des lignes circulaires, concentriques, pâles et interrompues ; ouverture arrondie semi-lunaire ; péristome simple ; ombilic médiocre ; quatre tours et demi, dont le dernier est un peu caréné. Cette coquille, après la chute des poils, se rapproche beaucoup de l'*Helix striata ;* mais elle n'est jamais bordée en dedans, les bandes sont moins marquées, plus interrompues, la ligne blanche de la carène n'existe pas ; hauteur, 3 millimètres ; diamètre, 5 à 6 millimètres (baies, murs, Grenoble ? l'ouest du département).

31° *Helix striata*. Hélice striée. — Animal gris plus ou moins cendré, tentacules noirâtres. Coquille assez déprimée, variable pour la grandeur, blanchâtre ou jaunâtre, striée en long d'une manière égale, un peu carénée sur le dernier tour, marquée ordinairement d'une à cinq bandes brunes, dont une seule gagne le dehors de la coquille; cette dernière est séparée des autres par une ligne blanche qui se trouve sur la carène; ouverture arrondie semi-lunaire; péristome un peu évasé, souvent bordé en dedans de blanc; quatre et demi à cinq tours; hauteur, environ 3 à 5 millimètres; diamètre, 5 à 7 millimètres (gazons secs, Grenoble, Bastille, Polygone, etc.; commune).

32° *Helix candidula* (Michaud). Hélice blanchâtre. (*Helix striata*, var. I, Drap.) — Ressemble à la précédente, plus globuleuse, blanchâtre, souvent à une seule bande; péristome bordé ayant une, deux et quelquefois trois *dents;* sommet brun noirâtre; six tours arrondis; hauteur, 5 à 6 millimètres; diamètre, 9 millimètres (nord du département, Lyon).

33° *Helix cricetorum* (Muller). Hélice ruban. — Animal blanchâtre, grisâtre en dessus. Coquille sub-déprimée, quelquefois aplatie, ordinairement blanche, striée; elle ressemble à l'*Helix striata*, mais elle est plus grande, moins carénée; l'ombilic est plus ouvert; elle présente une à six bandes jaunâtres, dont une seule continuée en dehors; ouverture ovale, arrondie, les deux bords se rapprochent beaucoup; cinq tours, dont le dernier est un peu plus grand à proportion; hauteur, 5 à 6 millimètres; diamètre, 10 à 12 millimètres (gazons des coteaux secs, Bastille; assez commune). Elle peut varier pour la grandeur.

34° *Helix alpina* (Ferrussac). Hélice alpine. — Animal jaunâtre. Coquille assez solide et déprimée, convexe des deux côtés, très-peu transparente, striée en long, blanchâtre, quelquefois grise et tachetée irrégulièrement d'une couleur cornée; dernier tour un peu caréné; péristome bordé, blanc, réfléchi; sommet un peu mamelonné et ordinairement brun; cette coquille varie un peu pour l'aplatissement de la spire et la saillie de la carène. Le bord columellaire avance moins que dans l'*Helix fruticum* et *strigella;* six tours convexes; hauteur, 9 à 10 millimètres; diamètre, 20 millimètres. Il en existe une variété plus petite marquée de taches cornées (montagnes, Lautaret, Grande-Chartreuse, etc., sur les rochers).

35° *Helix cespitum* (Drap.). Hélice des gazons. — Animal blanchâtre. Coquille ressemblant à l'*Helix cricetorum*, mais plus grande et plus globuleuse ; elle est plus ou moins déprimée, blanchâtre, striée, non fasciée ou marquée de bandes brunes, dont les inférieures sont pour la plus part effacées ou interrompues ; la supérieure continuée, souvent tachetée de points blanchâtres, et quelquefois accompagnée d'un liseré jaunâtre interrompu; sommet brun ou noirâtre; dernier tour non caréné, plus grand à proportion; ouverture arrondie ; péristome souvent violâtre, bordé en dedans; ombilic très-évasé; cinq à six tours; hauteur, 8 à 10 millimètres; diamètre, 14 à 20 millimètres; largeur, 16 à 22 millimètres (gazons des montagnes). Elle présente un assez grand nombre de variétés, l'aplatissement de la coquille et sa grandeur étant variable.

IV. — *Coquille aplatie.*

A. Péristome réfléchi.

36° *Helix cornea* (Drap.). Hélice cornée. — Animal brun, noirâtre en-dessus. Coquille couleur de corne, brunâtre, transparente, à peine carénée ; dernier tour marqué d'une bande brune rougeâtre qui se continue un peu en dehors; en bas et sur ce dernier tour, tout près de l'ouverture on apperçoit le commencement d'une ou deux bandes de même couleur qui s'effacent bientôt; suture profonde; ouverture ovale; péristome blanc réfléchi, épaissi, presque continu ; ombilic médiocrement ouvert; quatre et demi à cinq tours convexes en dessous, un peu plane en dessus; hauteur, 7 millimètres ; diamètre, 15 millimètres (Midi ; m'a été indiqué probablement à tort dans le département).

37° *Helix planospira* (Michaud). Hélice planospire. — Coquille aplatie, striée, jaunâtre, ombiliquée, marbrée souvent de taches blanches comme l'*Helix arbustorum ;* dernier tour orné d'une seule bande brune ; péristome blanc très-réfléchi ; six tours; elle ressemble un peu à la précédente, mais elle est plus grande et plus aplatie ; hauteur, 12 millimètres ; diamètre, 23 à 24 millimètres (Alpes, route du Lautaret au pied des rochers ; rare). Cette espèce de nos pays diffère un peu de celle des auteurs.

38° *Helix Fontenillii* (Michaud). Hélice de Fontenille. — Animal noirâtre au-dessus du cou , manteau brun, pied blanchâtre. Coquille transparente , blanchâtre, marquée de taches larges et irrégulières de couleur de corne clair, semblables à des taches d'huile sur un papier blanc, striée en long, fortement ombiliquée ; péristome blanc, bordé, réfléchi ; six tours peu convexes, le dernier caréné. Elle diffère de l'*Helix alpina* par ses taches semblables à celles qu'aurait produit l'huile, son aplatissement, sa taille, sa ténuité et la carène de son dernier tour ; hauteur, 8 millimètres ; largeur, 23 à 24 millimètres (la Grande-Chartreuse, murs d'une ancienne porte à une demi-lieue du couvent, et les rochers nus à pics voisins; indiquée aussi près de Voreppe et à la Chartreuse, du côté du Sappey, à l'entrée du désert; trouvée par feu Mouton-Fontenille, de Lyon).

39° *Helix lapicida* (Lin.). Hélice lampe.—Animal d'un brun noir. Jolie coquille d'une forme curieuse, d'un brun mat et quelquefois grisâtre avec des taches longitudinales brunes ou d'un rouge obscur, striée en long, très-déprimée , aussi convexe en dessous qu'en dessus ; carène du dernier tour tranchante ; suture superficielle ; ouverture éliptique, anguleuse aux deux bouts en forme d'ogive ; péristome blanc, réfléchi, continu et non échancré par l'avant-dernier comme dans les autres hélices; ombilic assez ouvert. Cette coquille a été comparée pour la forme à une lampe antique ; cinq à cinq tours et demi aplatis ; hauteur, 6 à 7 millimètres ; diamètre, 15 à 17 millimètres (rochers, murs humides, Bastille; assez commune aux environs de Grenoble). On en trouve une variété de couleur blanchâtre cornée, sans taches, au Bourg-d'Oisans, à la Chartreuse, etc.

40° *Helix obvoluta* (Muller). Hélice planorbe. — Coquille brunâtre, hérissée de poils caducs, discoïde, la spire s'enroulant sur un même plan comme chez les planorbes, elle est même un peu *concave* en dessus ; ouverture triangulaire ; péristome rose clair, réfléchi ; ombilic évasé ; six tours ; hauteur, 5 millimètres ; diamètre, 10 à 11 millimètres (lieux ombragés des coteaux ; Sassenage , les Balmes, etc.).

41° *elix holosericea* (Férussac). Hélice soyeuse.— Coquille semblable à la précédente, hispide, discoïde, à ouverture triangulaire comme elle; elle en diffère par sa taille plus petite, par son ombilic moins ouvert, et enfin par son ouverture armée de deux dents très-prononcées auxquelles correspondent extérieurement deux trous qui s'enfoncent dans ces dents; le péristome est bordé d'un violet plus ou moins foncé qui devient blanc après la mort de l'animal; 5 tours; hauteur, 4 à 5 millimètres; diamètre, 10 à 11 millimètres (montagnes élevées, Grande-Chartreuse).

42° *Helix pulchella* (Muller). Hélice mignonne. — Animal blanchâtre, quelquefois de couleur un peu soufrée. Coquille aplatie, petite, blanchâtre ou cendrée, quelquefois d'un brun pâle, striée; péristome blanc, plan, *réfléchi*, très-arrondi et presque continu, les deux bords étant très-rapprochés; ombilic très-ouvert; quatre tours, dont le dernier est un peu plus grand à proportion et s'évase vers la fin en manière de trompe; hauteur, 1 à 1 millimètre et 1/2; diamètre, 2 millimètres (lieux humides, sous les pierres des routoirs, Polygone, Bastille, etc.).

B. Péristome simple.

43° *Helix pygmæa* (Drap.). Hélice pygmée.— Coquille très-petite, grisâtre cendrée ou d'un brun pâle, aplatie, un peu convexe en dessus; suture profonde; ouverture arrondie semi-lunaire et un peu plus large que haute; ombilic évasé; quatre tours; hauteur, 1/2 millimètre; diamètre, 1 millimètre (nord du département, Lyon, etc.).

44° *Helix rotundata* (Muller). Hélice bouton. — Animal noirâtre en dessus, pâle en dessous. Coquille très-aplatie, mais un peu convexe en dessus, carénée, marquée de stries saillantes, brunâtres, avec des taches plus foncées, rousses ocracées; ouverture assez arrondie semi-lunaire; ombilic extrêmement évasé et laissant apercevoir tous les tours de la spire, disposition qui donne un peu la forme d'un bouton à cette coquille; six tours; hauteur, 2 millimètres; diamètre, 5 à 6 millimètres (murs, pieds des arbres, lieux humides; commune).

45° *Helix nitida* (Drap.). Hélice luisante. (*Helix cellaria*, Muller.) — Animal grisâtre, pâle en dessous. Coquille lisse, légèrement striée, aplatie, très-luisante quand elle est fraîche, un peu convexe et couleur de corne clair en dessus, d'un blanc de lait un peu verdâtre et plus luisante en dessous ; suture très-marquée ; on la dirait accompagnée d'une petite bande souvent brunâtre ; ouverture grande, demi-ovale, fortement échancrée par la convexité de l'avant-dernier tour; ombilic évasé ; cinq tours, dont le dernier est bien plus grand à proportion ; hauteur, 5 millimètres ; diamètre, 12 à 14 millimètres. On en trouve de plus petites (murs, jardins, les Balmes ; commune).

46° *Helix cristallina* (Muller). Hélice cristalline.— Animal blanchâtre ou jaunâtre ; tentacules bleuâtres. Coquille très-aplatie en dessus, moins en dessous, très-mince, blanche un peu verdâtre, très-brillante, transparente ; ouverture très-déprimée, bien plus large que haute ; cette coquille devient quelquefois, après la mort de l'animal, opaque, blanche comme l'émail ; elle varie comme la précédente pour la grandeur ; ombilic très-petit ; quatre à quatre tours et demi, dont le dernier est plus grand à proportion ; hauteur, 1 à 1 millimètre et 1/2 ; diamètre, 2 à 3 millimètres (coteaux humides, les Balmes, sur les feuilles mortes, etc.)

6e GENRE.

Succinea (Drap.). Ambrette. (*Helix*, Linnée, Muller.) — Animal terrestre semblable à celui des *helix*, pouvant à peine être contenu dans sa coquille ; il recherche le bord des eaux. Coquille ovale ou oblongue en forme d'oubli ou de cornet, fragile et transparente, plus longue que large ; péristome simple ; ouverture très-ample, plus longue que large, oblique ; bord latéral tranchant, non réfléchi, s'unissant inférieurement à une columelle évasée, lisse et amincie ; le bord columellaire, en remontant sur la columelle, n'y forme aucune apparence de plis, ce qui distingue les ambrettes des limnées; trois à quatre tours de spire.

Espèces.

1° *Succinea amphibia* (Drap.). Ambrette amphibie. — Animal grisâtre ou noirâtre, épais, très-glutineux. Coquille ordinairement d'un jaune de succin pâle, striée finement en long, ovale, mince, diaphane; ouverture grande, ovale; sa longueur égale presque les deux tiers de celle de toute la coquille; plan de l'ouverture incliné en avant par rapport à l'axe de la spire; trois tours, dont l'inférieur est très-grand, oblong et médiocrement bombé; sommet un peu obtus; épiphragme solide; il existe au moins deux variétés de cette coquille, l'une plus grande, l'autre plus petite; hauteur totale, en y comprenant l'ouverture, 18 à 19 millimètres; diamètre, 7 à 8 millimètres; hauteur de l'ouverture, 12 millimètres; largeur, 7 millimètres; on en trouve de bien moins grandes (commune aux bords des eaux et sur les plantes aquatiques).

2° *Succinea oblonga* (Drap.). Ambrette oblongue.— Animal grisâtre. Coquille blanche, jaunâtre ou grisâtre, plus épaisse et moins diaphane que l'espèce précédente, striée en long; sommet assez aigu, conique; suture profonde; ouverture assez exactement ovale, son plan est incliné, sa longueur égale celle de la moitié de la coquille; trois et demi à quatre tours, le dernier très-grand relativement aux autres; spire un peu oblique; hauteur totale, moyenne, 8 à 9 millimètres; diamètre, 4 millimètres; hauteur de l'ouverture, 4 à 5 millimètres; largeur, 3 millimètres; la hauteur totale peut varier de 6 à 12 millimètres (lieux marécageux, bords des sources, environs de Grenoble, Saint-Laurent-du-Pont; rare).

7ᵉ GENRE.

BULIMUS (Bruguière) Bulime. (*Helix*, Lin.) — Animal terrestre, à pied allongé, dépourvu d'opercule; tentacules inférieurs courts. Coquille oblongue, ovale; ouverture ovale, entière, plus longue que large, sans dents ni plis, à bords désunis supérieurement; columelle droite, lisse, sans tronquature à la base. Les bulimes diffèrent du genre *Pupa* (Maillot) par l'absence des dents ou plis, par leur tour inférieur qui est plus renflé que l'avant-dernier ; ils se distinguent du genre *Achatina* (Agathine) par le défaut de tronquature à la base de l'ouverture.

Espèces.

1° *Bulimus radiatus* (Brug.). Bulime radié. — Animal un peu jaunâtre, noirâtre en dessus. Coquille ovale un peu oblongue, solide, lisse, blanche ou grisâtre, striée inégalement en long ; ouverture ovale rétrécie en haut ; péristome garni d'un léger bourrelet blanc et un peu évasé, surtout au bord columellaire qui est réfléchi et qui recouvre la fente ombilicale ; sept tours un peu bombés et dont le dernier est plus grand à proportion ; hauteur totale, c'est-à-dire en y comprenant l'ouverture, 20 à 23 millimètres ; diamètre, 8 à 10 millimètres. Cette espèce offre deux variétés : l'une (*A*) ornée de bandes longitudinales brunes, jaunâtres ou bleuâtres, se rencontre à l'Hermitage, au château d'Allières, près de Grenoble, etc.; l'autre (*B*), qui est toute blanche, est très-commune sur les coteaux secs, à la Bastille, etc.

2° *Bulimus montanus* (Drap.). Bulime montagnard.— Animal grisâtre, tacheté de noir. Coquille ovale un peu oblongue, cornée brunâtre, transparente, marquée de stries grenues ; ouverture demi-ovale ; péristome blanchâtre, réfléchi; fente ombilicale oblique ; sommet assez obtus ; sept tours ; hauteur totale, 15 millimètres ; diamètre, 5 à 6 millimètres (sous les feuilles mortes, montagnes, Grande-Chartreuse, montée de Romans, au-dessus du Péage, etc.).

3° *Bulimus obscurus* (Drap.). Bulime obscur. — Animal pâle, brunâtre en dessus. Coquille cornée, brune, ovale un peu oblongue, striée en long ; ouverture demi-ovale ; péristome blanchâtre réfléchi; fente ombilicale très-oblique ; suture bien marquée ; sommet assez obtus ; six à sept tours, le quatrième est plus gros à proportion que les précédents, ce qui contribue à rendre la coquille un peu ventrue ; hauteur totale,

9 millimètres ; diamètre , 3 à 4 millimètres (commune sous
les pierres, sur les murs humides , etc.).

4° *Bulimus acutus* (Drap.). Bulime aigu. — Animal d'un
fauve pâle. Coquille assez solide et épaisse, en cône allongé ,
marquée de stries et flammes longitudinales plus ou moins
prononcées, et souvent d'une ou deux bandes spirales brunes;
suture profonde ; péristome simple, fragile, un peu réfléchi
vers l'axe de la columelle où est situé un ombilic peu apparent ; ouverture plus longue que large ; sommet aigu ; cette
coquille peut varier pour la longueur et les couleurs ; sept à
neuf tours convexes ; hauteur totale, 10 à 20 millimètres ;
diamètre, 4 à 6 millimètres (Midi ; indiquée à Voreppe et à la
Grande-Chartreuse).

5° *Bulimus ventricosus* (Drap.). Bulime ventru.— Coquille
plus courte et plus ventrue que la précédente qui lui ressemble
du reste ; souvent une ou deux fascies ; la fascie supérieure ,
plus large est continuée ; ouverture aussi large que longue ;
sommet un peu obtus ; suture profonde ; sept tours ; hauteur
totale, 10 à 12 millimètres; diamètre, 5 à 6 millimètres (indiquée à Romans ; département ?).

8ᵉ GENRE,

ACHATINA (Lamarck) Agathine. (*Bulimus*, Drap.). — Animal terrestre semblable à celui des bulimes; il se forme un
épiphragme pendant l'hiver. Coquille semblable aussi à celle
des bulimes; elle en diffère surtout en ce que l'ouverture ,
dans les agathines, est tronquée à la base.

Espèces.

1° *Achatina lubrica* (Michaud). Agathine brillante. (*Bulimus lubr.*, Drap.) — Animal pâle en dessous, noirâtre en
dessus. Coquille ovale un peu oblongue, brune jeaunâtre ou
cornée, très-lisse et très-luisante quand elle est fraiche; sommet un peu obtus ; suture assez profonde ; ouverture ovale un
peu tronquée ; péristome simple, sans fente ombilicale ; cinq

à six tours ; hauteur totale, 5 à 6 millimètres ; diamètre, 2 à 3 millimètres (sous les pierres, les gazons et sur les murs très-humides).

2° *Achatina acicula* (Lamarck). Agathine aiguillette. (*Bulimus acic.*, Drap.) — Coquille très-allongée et étroite, blanche ou grisâtre, lisse, luisante, transparente ; sommet un peu obtus ; columelle évasée au milieu ; tronquée ou évasée à sa base sur le bord columellaire ; bord latéral arqué ; pas de fente ombilicale ; six tours obliques et peu convexes, le dernier égale presque la longueur de tous les autres ; hauteur totale, 5 millimètres ; diamètre, 1 millimètre (lieux humides, les murs, Bastille, les Balmes, etc.).

9ᵉ GENRE.

CLAUSILIA (Drap.). Clausilie. (*Helix*, Lin.) — Animal très-petit, semblable à celui des hélices ; corps grêle, allongé. Coquille *sénestre* toujours turriculée, fusiforme, à sommet grêle et un peu obtus ; ouverture entière, ovale à bord réuni, plissée ; péristome continu, réfléchi ; un osselet élastique *(clausilium)* dans la cavité du dernier tour ; dans presque toutes les clausilies, il y a sur la convexité de ce dernier tour, à sa fin et le long de la fente ombilicale, une éminence allongée, et à coté, une dépression ou un sillon.

Espèces.

1° *Clausilia bidens* (Drap.). Clausilie lisse. — Animal noirâtre ou grisâtre chagriné en dessus. Coquille fusiforme, un peu ventrue, cornée clair, *lisse*, luisante ; sommet obtus ; ouverture ovale un peu rétrécie supérieurement ; deux plis ou lames sur la columelle et deux autres plis moins saillants et plus enfoncés en bas ; péristome blanc réfléchi ; fente ombilicale peu profonde ; dix à onze tours un peu convexes ; hauteur totale, 15 à 17 millimètres ; diamètre (1), 4 millimètres

---

(1) Ce diamètre, pour les *clausilia*, est toujours pris sur le tour le plus renflé.

(environs de Grenoble, Ile verte, les Balmes, mousses des rochers, troncs d'arbres ; n'est pas très-rare). On en trouve aux environs de Grenoble une variété toute blanche.

2° *Clausilia dubia* (Drap.). Clausilie douteuse. — Animal grisâtre, tacheté de noir ou noirâtre. Coquille plus petite que la précédente, un peu luisante, couleur brun châtain foncé ; stries fines, régulières, assez apparentes, souvent quelques-unes sont blanchâtres ; ouverture ovale rétrécie en haut; deux lames blanches à la columelle, un, quelquefois deux plis plus ou moins apparents et enfoncés sur le bord inférieur; fente ombilicale, éminence dorsale et sillon adjacent prononcés ; dix à onze tours convexes; hauteur totale, 13 millimètres ; diamètre, 3 millimètres (dans les forêts, sous les arbres , Alpes, Grande-Chartreuse, etc.).

Clausilia punctata (Michaud). Clausilie pointillée. — Coquille fusiforme, striée, d'une couleur cornée ou fauve , plus foncée que celle de la suivante; dernier tour rugueux, marqué comme la suivante d'une tache blanche semi-lunaire ; suture ornée également en haut de petits points blancs un peu allongés disposés régulièrement ; ouverture ovale, évasée ; péristome blanc réfléchi ; deux plis ou lames sur la columelle ou bord columellaire ; un autre plus petit situé en bas et non dirigé transversalement. Cette coquille ressemble au *C. papillaris*, mais elle est plus grande, d'une couleur plus foncée, les points blancs de la suture sont plus allongés, la disposition des plis n'est pas la même ; onze tours convexes; hauteur totale, 19 à 22 millimètres; diamètre, 4 millimètres et 1/2 (environs de Grenoble, Tour-Sans-Venin, à Parizet). C'est la plus grande des clausilies de France.

4° *Clausilia papillaris* (Drap.). Clausilie papilleuse. — Coquille blanchâtre ou d'un brun assez pâle ou cendrée; stries longitudinales bien apparentes ; suture peu profonde ornée de petits tubercules blancs, réguliers, caractéristiques; ouverture ovale présentant en haut deux plis blancs sur la columelle, et en bas, un troisième pli *transversal* plus enfoncé ; péristome blanc, très-évasé, un peu détaché et ne reposant pas tout-à-fait sur le tour précédent; fente ombilicale profonde; éminence dorsale bien prononcée : dix à douze tours ; hauteur totale, 14 millimètres; diamètre, 3 à 4 millimètres (montagnes, Montélimar, etc.; département?).

5° *Clausilia ventricosa* (Drap.). Clausilie ventrue.— Animal noirâtre sur le cou, gris tacheté partout ailleurs. Coquille fusiforme, ventrue, transparente, d'un brun plus ou moins foncé, remarquable par des stries longitudinales saillantes; suture assez profonde; ouverture ovale, rétrécie en haut, présentant deux lames sur la columelle : l'une, en haut, est placée en avant de l'ouverture; l'autre est assez enfoncée et se subdivise ordinairement en plusieurs lames secondaires; péristome blanc, un peu renflé et réfléchi; fente ombilicale assez profonde. L'espèce ordinaire de notre pays est remarquable par sa grandeur; onze à douze tours un peu convexes; hauteur totale, 16 à 18 millimètres; diamètre, 4 à 5 millimètres (lieux humides, troncs d'arbres, broussailles, allée des Balmes, Chartreuse, etc.).

6° *Clausilia plicata* (Drap.). Clausilie plissée. — Coquille fusiforme, un peu ventrue, d'un brun plus ou moins foncé; stries assez saillantes; suture assez profonde, marquée souvent de petites taches blanches; ouverture ovale rétrécie en haut; un pli saillant sur la columelle, vers l'angle supérieur; un autre pli bifurqué sur le bord columellaire, et enfin il existe en dedans, sur le bord latéral, six à dix petites lames rapprochées, parallèles et peu saillantes; ce caractère distingue surtout cette coquille de la précédente qui lui ressemble; péristome blanchâtre, détaché du tour précédent de la spire, évasé, réfléchi; douze à treize tours; hauteur totale, 17 à 18 millimètres; diamètre, 4 millimètres (Mont-Jura, Vosges; département?).

7° *Clausilia rugosa* (Drap.). Clausilie ridée. — Animal noirâtre. Coquille grêle, fusiforme, ordinairement grisâtre, striée (quelques stries sont blanchâtres); ouverture ovale, rétrécie supérieurement; columelle garnie de deux plis principaux, l'inférieur souvent bifurqué; l'entrée est quelquefois un peu rétrécie par un léger bourrelet placé sur le bord latéral où se trouve un troisième pli assez enfoncé; péristome détaché de la spire, blanchâtre, un peu évasé et réfléchi; éminence dorsale assez saillante; dix à onze tours; hauteur totale, 11 millimètres ; diamètre, 3 millimètres (lieux humides de la plaine, au pied des murs, des saules, etc.).

8° *Clausilia parvula* (Michaud). Clausilie parvule. — Animal noirâtre. Coquille petite, fusiforme, grêle, brunâtre, aiguë ; outre deux lames principales qui sont sur la columelle ou bord columellaire, elle présente un troisième pli enfoncé et même un quatrième très-petit sur le bord inférieur, et de plus deux lames enfoncées à peine visibles sur le bord latéral; dix à onze tours. Cette coquille ressemble beaucoup à la précédente, mais elle est plus petite, d'une couleur plus foncée, elle est moins striée et plus ventrue ; hauteur totale, 8 à 9 millimètres ; diamètre, 1 et 1/2 à 2 millimètres et 1/2 (Lyon, Grenoble, etc., sous les mousses des vieux murs, des rochers ; extrêmement commune).

10ᵉ GENRE.

PUPA (Drap.). Maillot. (*Helix*, Lin., Muller, Fér.) — Animal terrestre, tentacules inférieurs très-courts, quelquefois très-peu apparents. Coquille plus ou moins cylindrique, allongée, épaisse et assez solide; sommet obtus; ouverture demi-ovale irrégulière et ordinairement dentée ou plissée, dextre et sub-anguleuse inférieurement. Ces coquilles diffèrent des genres *bulime* et *agathine* par la présence des plis et en ce que le tour inférieur n'est pas plus renflé que l'avant-dernier. Les maillots se rencontrent dans les mousses, sur les rochers, souvent sous les pierres.

Espèces.

A. Coquille ovale ou cylindrique et obtuse.

1° *Pupa tridentalis* (Michaud). Maillot tridental.— Coquille petite, cylindrique, plus ou moins allongée, striée en long et obliquement, de couleur fauve ; suture profonde ; sommet très-obtus ; ouverture presque ronde; un pli sur la columelle, un autre en bas sur le bord inférieur, un troisième très-petit et semblable à un point sur le bord latéral qui est un peu réfléchi et pourvu d'un bourrelet blanchâtre sur le dos comme la suivante ; ombilic ouvert. Cette espèce ressemble au *Pupa marginata*, mais elle est plus petite ; six à sept tours convexes, le dernier a un sillon extérieur ; hauteur totale, 3 millimètres ; diamètre, 1 millimètre et 1/2 (les environs de Lyon, Grenoble, Bastille près Guy-Pape, sur la mousse des rochers, etc. Il en existe une variété plus petite, cendrée, qui se trouve à Lyon, sur les aqueducs romains dits de *Chaponaud*).

2° *Pupa marginata* (Drap.). Maillot bordé. — Animal pâle. Coquille brune, obtuse aux deux extrémités, lisse ; suture très-marquée ; ouverture semi-lunaire, arrondie inférieurement. Elle présente sur la columelle, en haut, une petite dent ou lame ; elle est en outre garnie en dehors, en bas, et tout près du bord, d'un bourrelet blanc apparent qui caractérise la coquille; l'ombilic est très sensible ; six tours, dont l'inférieur est un peu plus grand, les trois suivants égaux, et les deux du sommet plus petits ; hauteur totale, 3 millimètres et 1/2 ; diamètre, 2 millimètres (sous les pierres, sur les vieux murs ; assez commune).

3° *Pupa umbilicata* (Drap.). Maillot ombiliqué. — Animal chagriné, tête et tentacules noirs. Coquille assez semblable à la précédente, mais un peu plus grande ; columelle garni d'une dent ; péristome réfléchi blanc ; on ne remarque pas de bourrelet extérieur; ombilic très-évasé ; sept tours; hauteur totale, 3 et 1/2 à 4 millimètres ; diamètre, 2 millimètres (coteaux, Bastille près Guy-Pape, Sassenage, etc., sous les pierres).

4° *Pupa doliolum* (Drap.). Maillot barillet.— Coquille d'un brun pâle ou souvent grisâtre, cylindrique, très-obtuse, plus étroite vers le bas et un peu plus renflée vers le sommet, striée inégalement ; ouverture garnie d'un pli élevé à la partie supérieure sur la columelle ; bord columellaire garni en dedans de deux dents peu saillantes ; fente ombilicale oblique ; péristome blanc et réfléchi ; sept à neuf tours qui augmentent insensiblement ; hauteur totale, 5 à 6 millimètres ; diamètre, 3 millimètres (environs de Grenoble, les Balmes).

5° *Pupa dolium* (Drap.). Maillot baril. — Animal noir. Coquille d'un brun plus ou moins foncé, cylindrique, obtuse, striée; ouverture garnie en haut d'un pli élevé, et sur le bord columellaire, de deux ou trois autres plis moins marqués ; elle ressemble à la précédente, mais elle est un peu plus grosse et plus pointue au sommet ; ses stries sont moins saillantes ; l'ouverture est plus latérale ou excentrique ; enfin la fente ombilicale est moins oblique ; huit à neuf tours ; hauteur totale, 6 et 1/2 à 7 millimètres ; diamètre, 3 à 3 millimètres et 1/2 (Lyon, Alpes, Chartreuse ; assez rare).

6º *Pupa biplicata* (Michaud). Maillot biplissé. — Coquille allongée, cylindrique, transparente, lisse, luisante, ombiliquée, blanchâtre ; ouverture triangulaire ; la columelle et le bord columellaire ont chacun un gros pli qui se perd dans l'ouverture ; bord latéral renflé ; péristome blanc réfléchi ; sommet très-obtus ; neuf tours aplatis, les supérieurs très-petits augmentent subitement, les autres sont égaux entre eux ; hauteur totale, 5 à 6 millimètres ; diamètre, 1 millimètre et 1/2 (Lyon, dans les alluvions du Rhône ; très-rare [Terver]).

7º *Pupa inornata* (Michaud). Maillot sans plis.— Coquille allongée, très-cylindrique, transparente, ombiliquée, fauve ; suture assez profonde ; ouverture semi-lunaire sans dents ; sommet obtus. Cette espèce est beaucoup plus allongée, plus grosse que le *Vertigo muscorum*, auquel elle ressemble du reste ; huit tours convexes ; hauteur totale, 4 millimètres et 1/2 ; diamètre, 1 millimètre et 1/2 (Lyon, dans les alluvions du Rhône ; rare).

B. Coquille oblongue cylindrique et un peu conique.

8º *Pupa granum* (Drap.). Maillot grain. — Coquille cylindrique, un peu conique, d'un brun pâle ; plus petite, plus pointue et plus étroite que le *Pupa secale*, auquel elle ressemble un peu ; ouverture demi-ovale garnie de sept plis assez enfoncés dans l'intérieur ; un de ces plis, le plus saillant, quelquefois bifurqué, est situé sur la columelle, et deux sont placés sur le bord columellaire ; péristome blanchâtre et un peu évasé ; ombilic bien prononcé ; sept tours ; hauteur totale, 4 à 5 millimètres ; diamètre, 2 millimètres (Alpes, environs de Lyon ; rare).

9° *Pupa avena* (Drap.). Maillot avoine. — Animal noirâtre. Coquille oblongue, un peu conique, striée, noirâtre ou brune, noire quand elle renferme l'animal, un peu obtuse au sommet; ouverture demi-ovale garnie ordinairement de sept plis blancs, dont deux sur la columelle, et deux sur le bord columellaire; ces plis sont assez enfoncés, excepté celui qui est sur la columelle, près du bord latéral; péristome un peu réfléchi et blanchâtre; ombilic un peu ouvert; sept à huit tours, dont les trois ou quatre premiers sont plus petits relativement aux autres; hauteur totale, 6 et 1/2 à 7 millimètres; diamètre, 2 millimètres et 1/2 (adhère aux rochers, aux murs; commune).

10° *Pupa secale* (Drap.). Maillot seigle. — Coquille oblongue, un peu conique, d'un brun assez pâle; ouverture un peu plus haute que large, demi-ovale, un peu anguleuse, marquée de sept à huit plis blancs, quelquefois neuf, savoir : deux à trois sur la columelle, et deux sur le bord columellaire; neuf à dix tours, dont les quatre ou cinq premiers sont plus petits à proportion; ombilic recouvert à peine par le bord columellaire. Cette coquille ressemble beaucoup à la précédente; elle en diffère en ce qu'elle est plus pâle. cornée, souvent plus grosse, qu'elle a un tour de plus, et qu'enfin ses plis sont plus saillants et moins enfoncés; un des plis du bord latéral s'avance jusqu'au péristome; lorsqu'il y a trois plis sur la columelle, ce troisième pli, qui est très-petit, est resserré entre le bord latéral et un autre pli plus saillant; hauteur totale, 7 millimètres; diamètre, 2 millimètres et 1/2 (habite parmi les mousses, environs de Grenoble, les Balmes, Chartreuse, etc.).

11° *Pupa frumentum* (Drap.). Maillot froment. — Coquille ovale, oblongue, mince, d'un brun corné clair, à stries peu régulières; elle ressemble au *Pupa variabilis*, ainsi qu'à la précédente, mais elle est plus ventrue que cette dernière; ouverture presque aussi haute que large, demi-ovale, garnie en dedans de sept à huit dents ou plis blancs, dont deux inférieurs, deux sur le bord latéral, deux sur la columelle, et deux sur le bord columellaire; ces deux derniers sont les plus enfoncés. L'une des dents columellaires, quelquefois bifide, est située à l'insertion du bord latéral et en forme le point d'appui; péristome blanc réfléchi; dos ordinairement

4.

marqué d'un *bourrelet blanchâtre*, semblable à celui du *Pupa marginata;* suture peu profonde ; fente ombilicale oblique, très-étroite, recouverte presque entièrement par le bord columellaire et le bourrelet ; huit à dix tours rapprochés ; hauteur, 7 à 8 millimètres ; diamètre, 2 et 1/2 à 3 millimètres (indiquée par M. Deshayes comme commune dans toute la France : je ne l'ai pas rencontrée aux environs de Grenoble).

12° *Pupa cinerea* (Drap.). Maillot cendré.— Coquille ovale, oblongue, acuminée, de couleur cendrée bleuâtre, nuancée de petites bandes ou taches brunâtres, striée ; ouverture demi-ovale, garnie de cinq plis, quelquefois six, dont deux inférieurs égaux entre eux, et trois supérieurs inégaux, dont un sur le bord columellaire ; péristome *simple*, mince, évasé ; fente ombilicale très-oblique ; la fin du dernier tour est marquée en dehors de deux ou trois lignes blanches spirales correspondantes aux plis ; neuf tours ; hauteur totale, 11 à 12 millimètres ; diamètre, 4 millimètres (adhère aux murs, aux rochers bien exposés, Bastille près Guy-Pape, etc.).

13° *Pupa variabilis* (Drap.). Maillot variable. — Animal de couleur pâle. Coquille ovale oblongue ou bien conico-cylindrique, de grandeur et de forme très-variable, d'un brun pâle, un peu transparente et luisante, assez épaisse ; ouverture demi-ovale, plus haute que large, garnie le plus souvent de sept plis, dont trois inférieurs et quatre supérieurs, savoir : deux petits sur le bord columellaire, et deux sur la columelle ; de ceux-ci, celui qui est voisin du bord latéral, est le plus saillant et le plus extérieur ; il touche presque ce bord et semble se continuer avec lui en se courbant ; péristome très-blanc, épais, réfléchi ; fin du dernier tour blanche en dehors et marquée de deux à trois lignes spirales blanches ; fente ombilicale oblique ; neuf à dix tours ; hauteur totale, 7 à 12 millimètres et plus ; diamètre, 2 et 1/2 à 4 millimètres (commune sur tous les coteaux des environs de Grenoble, etc.).

14° *Pupa polyodon* (Drap.). Maillot polyodonte. — Coquille ovale, oblongue, d'un brun corné, assez épaisse ; ouverture assez petite, demi-ovale, plus haute que large ; elle ressemble beaucoup à la précédente dont elle diffère surtout par le nombre des dents ou plis qui obstruent l'ouverture. On en compte une douzaine au moins, dont sept à huit plus apparents.

Quatre appartiennent à la columelle et deux au bord columellaire ; péristome blanc, réfléchi ; dos marqué près de l'ouverture de lignes spirales blanches ; neuf à dix tours ; hauteur, 8 à 9 millimètres ; diamètre 2 1/2 à 3 millimètres (indiqué sur les rochers de Saint-Martin-le-Vinoux, près de Grenoble, au mont Néron).

15° *Pupa quadridens* (Drap.). Maillot quadridenté. — Animal pâle. Coquille *sénestre* ovale, oblongue, obtuse au sommet, d'un brun pâle et un peu luisante ; ouverture demi-ovale, garnie de quatre dents blanches peu enfoncées ; l'une est placée sur la columelle, l'autre sur le bord latéral, et les deux autres, petites et rapprochées, sont sur le bord columellaire ; péristome blanc, épais, réfléchi ; fente ombilicale très-oblongue ; huit à neuf tours ; hauteur totale, 8 à 11 millimètres ; diamètre, 3 à 4 millimètres (coteaux des environs de Grenoble, lieux secs, Saint-Martin-d'Hère, etc. ; peu abondante).

16° *Pupa tridens* (Drap.). Maillot tridenté. — Coquille ovale, un peu oblongue, obtuse au sommet, striée, d'un brun pâle ; ouverture demi-ovale, garnie de trois dents blanches apparentes, savoir : une sur le milieu de la columelle, une autre sur le bord latéral, et la troisième, qui est la moins saillante et manque quelquefois, sur le bord columellaire ; quelquefois on rencontre encore une très-petite dent, située à l'angle supérieur de l'ouverture ; péristome épais, blanc et réfléchi ; fente ombilicale très-oblique ; sept à huit tours ; hauteur totale, 8 à 12 millimètres ; diamètre, 4 à 5 millimètres (environs de Grenoble, demi-lune de Saint-Roch, Moirans, Grande-Chartreuse, etc.).

17° *Pupa fragilis* (Drap.). Maillot fragile. — Animal à cou noir, à pieds gris, chagriné, tacheté. Coquille *sénestre* conique, allongée, assez grêle, mince et transparente, d'un brun pale, striée ; sommet un peu obtus ; ouverture quelquefois marquée vers le milieu de la columelle d'une petite lame ou dent blanche peu élevée ; péristome simple, blanchâtre et un peu sinueux ; fente ombilicale, oblique ; neuf à dix tours ; hauteur totale, 7 à 9 millimètres ; diamètre, 2 millimètres (Lyon, nord du département, sur les vieux murs). Cette coquille a le port d'une clausilie.

2ᵉ SECTION.

Mollusques terrestres à deux tentacules.

11ᵉ GENRE.

VERTIGO (Muller). Vertigo. (*Pupa*, Drap.) — Animal terrestre très-petit, semblable aux maillots; deux *tentacules*.
Coquille cylindrique, petite, à tours croissant lentement;
quatre à six tours; ouverture courte, souvent dentée; péristome sinueux et réfléchi. L'animal habite les lieux humides,
sous les pierres, avec les maillots.

Espèces.

1° *Vertigo muscorum* (Michaud). Vertigo mousseron. (*Pupa
muscorum*, Drap.) — Animal blanchâtre, tête et tentacules
bleuâtres. Coquille extrêmement petite, exactement cylindrique, brunâtre, obtuse; ouverture demi-ovale, marquée quelquefois, d'après Drap., sur la columelle d'un pli qui paraît ne
pas exister sur les espèces des environs de Grenoble; péristome
blanchâtre et un peu réfléchi; fente ombilicale oblique; six à
sept tours à suture assez marquée; hauteur totale, 2 millimètres; diamètre, 1 millimètre (mousses des vieux murs, des
rochers, environs de Grenoble, etc.).

2° *Vertigo pygmæa* (Michaud). Vertigo Pygmée. (*Pupa pygmæa*, Drap.) — Animal à tête noirâtre et pied blanchâtre. Coquille extrêmement petite, ovale, cylindrique, obtuse au
sommet, d'un brun assez foncé, lisse, un peu luisante; ouverture presque ronde, garnie de quatre dents, une supérieure
aiguë, deux inférieures enfoncées, et une sur le bord columellaire; bord latéral légèrement coudé dans son milieu; péristome réfléchi; fente ombilicale assez prononcée; cinq tours;
hauteur totale, 2 millimètres; diamètre, 1 millimètre et 1/4
(sous les haies, les pierres des routoirs, Gières, environs de
Grenoble, etc.).

3° *Vertigo nana* (Michaud). Vertigo nain. —Coquille très-petite, *sénestre*, presque cylindrique, ventrue, luisante, de couleur cornée, sub-perforée; ouverture semi-lunaire, à columelle
un peu calleuse et couverte de deux dents ou plis, dont le plus
près du bord columellaire est enfoncé dans la cavité de l'ouverture; bord latéral coudé; péristome blanc, réfléchi; 5 tours;
hauteur, 2 millimètres; diamètre, 1 millimètre (Lyon, sous
les pierres; très-rare).

4° *Vertigo anti-vertigo* (Michaud). Vertigo anti-vertigo. (*Pupa
anti-vertigo*, Drap.) — Coquille très-petite, ovale, obtuse, un
peu ventrue, brune; ouverture demi-ovale, un peu resserrée,
garnie de sept dents ou plis, dont trois supérieurs et quatre
inférieurs; de ces derniers, il y en a un sur le bord columellaire, et un autre sur le bord latéral; ce bord est coudé à son
milieu, et, en se réfléchissant, rétrécit l'ouverture; cinq tours,
dont le dernier est plus grand à proportion que les autres;
hauteur, 2 à 2 millimètres et 1/4; diamètre, 1 millimètre
(nord du département; rare aux environs de Grenoble).

5° *Vertigo pusilla* (Michaud). Vertigo pusille. (*Pupa vertigo*,
Drap.) — Animal pâle, transparent, un peu grisâtre en
dessus. Coquille encore plus petite que la précédente, ovale,
brune-pâle, lisse, un peu luisante, *sénestre*; ouverture rétrécie, garnie de sept dents ou plis, dont deux sur la columelle,
deux sur le bord latéral, et deux ou trois sur le côté opposé;
bord latéral coudé; quatre à cinq tours; hauteur, 1 millimètre
et 1/4; diamètre, 3/4 de millimètre (département?).

12e GENRE.

CARYCHIUM (Muller). Carychie. (*Auricula*, Drap.) — Animal terrestre semblable à celui des hélices, à deux tentacules
rétractiles, gros, cylindriques et obtus; yeux situés derrière
les tentacules, près de leur base, sur la tête. Coquille ovale,
oblongue ou cylindrique allongée; ouverture entière (habite
dans les lieux humides).

Espèces.

1° *Carychium minimum* (Muller). Carychie pygmée. (*Auricula minima*, Drap.) — Animal pâle, d'un fauve jaunâtre ou de couleur soufrée. Coquille très-petite, diaphane, blanchâtre, lisse, de forme ovale un peu oblongue; sommet un peu obtus; ouverture ovale, garnie de trois dents, une sur la columelle, une seconde sur le bord columellaire, la troisième sur le bord latéral; ce dernier bord est un peu coudé; péristome réfléchi, garni d'un bourrelet assez épais; cinq tours, dont le dernier est plus grand à proportion; hauteur totale, 2 à 2 millimètres et 1/4; diamètre, 1 millimètre (lieux humides, feuilles mortes; les Balmes, environs de Grenoble, etc.).

2° *Carychium lineatum* (Michaud). Carychie burinée. (*Auricula lineata*, Drap.) — Coquille cylindrique, allongée, brunâtre ou grisâtre, luisante; sommet obtus; suture assez prononcée; ouverture petite, sans dents, arrondie inférieurement, à angle aigu supérieurement; six tours; hauteur totale, 3 à 3 millimètres et 1/4; diamètre, 1 millimètre et 1/4 (bois, mousses; les Balmes, environs de Grenoble; n'est pas rare dans les alluvions du Drac). Cette coquille étant operculée, M. Charpentier a proposé d'en former un nouveau genre.

13ᵉ GENRE.

CYCLOSTOMA (Drap.). Cyclostome. — Animal terrestre très-spiral, sans collier ni cuirasse; tête en forme de trompe; deux tentacules cylindriques rétractiles, renflés à l'extrémité et oculés à leur base; pied petit. Coquille ovale ou allongée; ouverture ronde, régulière; péristome *continu*; *opercule* calcaire (habite les lieux humides).

Espèces.

A. Spire courte, médiocre.

1° *Cyclostoma elegans* (Drap.). Cyclostome élégant. — Animal d'un brun noirâtre, plus foncé en dessus; bouche très-

allongée. Coquille ovale, oblongue, dure, grisâtre, cendrée
ou roussâtre, quelquefois marquée de deux séries de taches
brunes ; stries longitudinales et spirales, ces dernières très-
prononcées ; ouverture presque circulaire, à péristome simple
et continu ; opercule dur, solide, marqué d'une ligne spirale ;
il ne s'enfonce presque pas dans l'intérieur de la coquille ;
fente ombilicale profonde ; cinq tours très-convexes et très-
distincts, dont le premier est lisse et d'un violet foncé ; hauteur totale, 12 à 15 millimètres ; diamètre, 8 à 9 millimètres
(très-commun sur tous les coteaux et dans toute la France).

2° *Cyclostoma sulcatum* (Drap). Cyclostome sillonné. — Cette
espèce ressemble beaucoup à la précédente ; elle en diffère en
ce qu'elle est plus grande, plus solide, de couleur roussâtre
ou rougeâtre; à stries plus saillantes et plus écartées ; le péristome est un peu évasé, son bord supérieur est libre; l'ouverture est plus arrondie et n'a pas d'angle supérieur ; l'opercule
est un peu enfoncé dans l'intérieur et est marqué de stries
saillantes; hauteur totale, 15 à 19 millimètres ; diamètre, 9
à 11 millimètres (midi ; département?).

B. Spire allongée.

3° *Cyclostoma maculatum* (Drap.). Cyclostome pointillé.
— Coquille en forme de cône allongé, striée en long, cendrée, marquée de taches brunes ou fauves sur deux rangs qui
ne sont distincts qu'aux tours inférieurs ; ouverture circulaire;
péristome coupant, dilaté et plan, excepté sur la columelle ;
opercule mince et pellucide, moins grand que l'ouverture, et
à peine visible quand l'animal est retiré dans sa coquille ; ombilic non ou à peine apparent ; huit à huit tours et demi ; hauteur totale 7 à 8 millimètres ; diamètre, 3 millimètres (lieux
humides des coteaux aux environs de Grenoble ; commun).

4° *Cyclostoma obscurum* (Drap). Cyclostome obscur. (*Cyclostoma maculatum*, Var., Terver.) — Coquille en forme
de cône allongé, d'un brun plus ou moins foncé, striée ; opercule mince, pellucide ; elle ressemble à la précédente, mais
elle est plus grosse, plus brune ; l'ouverture est plus haute
proportionnellement ; le péristome est très-blanc ; l'ombilic,

quoique recouvert en partie par le bord columellaire, est visible, le bord de l'ouverture étant moins dilaté que dans l'espèce précédente; sept et demi à huit tours; hauteur totale, 8 à 9 millimètres; diamètre, 3 et 1/2 à 4 millimètres (Sassenage, en allant aux cuves; Grande-Chartreuse, sur les rochers). Notre espèce est plus petite que celle de Draparnaud qui a 10 à 11 millimètres de longueur; elle semble intermédiaire entre celle-ci et le *Cyclostoma maculatum*. M. Terver, à qui je viens de l'envoyer récemment, la regarde même comme une variété de cette dernière espèce.

5° *Cyclostoma vitreum* (Drap.). Cyclostome vitré. — Coquille en cône très-allongé, transparente, lisse et de couleur blanche; ouverture ovale; péristome continu, simple et un peu évasé; fente ombilicale oblique. Cette coquille varie pour la longueur et le plus ou moins de rapprochement des tours de la spire; six tours très-distincts; hauteur totale, 3 millimètres; diamètre, 1 millimètre (bords du Rhône).

3ᵉ SECTION.

Mollusques aquatiques à deux tentacules

§ 1ᵉʳ. — Mollusques aquatiques respirant à la surface de l'eau (Limnéens, Lamark).

Mollusques vivant dans l'eau douce, mais respirant à sa surface; corps allongé, distinct du pied et contourné en spirale; un collier autour du cou formé par le bord du manteau; deux tentacules contractiles, oculés à leur base; cavité respiratoire sur le collier. *Coquille inoperculée*, mince, enroulée; bord latéral tranchant. Le genre *ancyle*, par exception, n'a pas de tours de spire.

14ᵉ GENRE.

PLANORBIS (Muller, Drap.). Planorbe. (*Helix*, Lin.) — Animal enroulé, grêle, cou allongé; deux tentacules très-longs, filiformes, oculés à leur base interne; pied court. Coquille discoïde, à spire aplatie ou surbaissée, *enroulée sur un plan horizontal;* les tours sont ainsi apparents en dessus et en dessous; ouverture oblongue, très-échancrée; *point d'oper-cule.* D'après M. Charles Desmoulins, cette coquille est dextre, quoique l'ouverture pulmonaire et génitale soit située à gauche du cou, et le dessus de la coquille est indiqué par le bord le plus avancé de l'ouverture.

Espèces.

1° *Planorbis contortus* (Muller). Planorbe entortillé. — Animal brun-noirâtre. Coquille mince, brunâtre, quelquefois hispide; suture marquée; ouverture arrondie, petite, semi-lunaire; ombilic en dessous, profond et très-évasé; six à huit tours étroits, serrés, très-embrassants, semblant se recouvrir l'un l'autre; les deux du centre sont enfoncés et forment une fossette au milieu de la surface supérieure qui est, d'ailleurs, plane; hauteur, 2 millimètres; diamètre, 3 à 5 millimètres (fossés herbeux, environs de Grenoble, etc. ; assez commun).

2° *Planorbis corneus* (Drap.). Planorbe corné. — Animal noirâtre; tentacules longs d'un gris sale. Coquille grande, renflée, lisse, striée, ordinairement brunâtre ou noirâtre en dessus et blanchâtre en dessous; surface inférieure un peu concave; la supérieure est fortement ombiliquée; l'on ne distingue à l'ombilic que trois tours de la spire; ouverture assez arrondie, échancrée par la convexité de l'avant-dernier tour; bord latéral ou supérieur plus avancé que l'inférieur ou columellaire; cinq tours, dont le dernier est très-grand; pour les grands individus, hauteur, 10 millimètres; diamètre, 28 millimètres. Cette coquille varie pour la grandeur (fossés, nord du département, Lyon, bois de la Tête-d'or).

3° *Planorbis hispidus* (Drap.). Planorbe hispide.— Coquille un peu transparente, d'un brun très-pâle ou un peu roussâtre, ombiliquée en dessus et surtout en dessous, striée en deux sens, hérissée de pointes coniques caduques qui la font paraître velue; ouverture assez arrondie et un peu évasée; bord supérieur dépassant beaucoup l'inférieur; péristome simple; trois à trois tours et demi, dont le dernier est très-grand à proportion; hauteur, 1 millimètre; diamètre, 2 à 3 millimètres (marais, rivières; département?).

4° *Planorbis cristatus* (Drap.). Planorbe dentelé.— Animal gris ; tentacules blanchâtres. Coquille aplatie et carénée, striée, plane en dessus, concave et assez fortement ombiliquée en dessous ; carène dentelée ; péristome simple, *continu;* coquille facile à reconnaître à des *dentelures* ou *saillies transversales* qui la font paraître dentelée ; deux à trois tours ; hauteur, 1 millimètre ; diamètre, 2 à 3 millimètres (mares herbeuses peu profondes, fossés extérieurs des anciens remparts, à Saint-Joseph ; marais de Saint-Martin-d'Hère ; elle n'est pas très-abondante). L'espèce des environs de Grenoble est plus large que celle figurée par Draparnaud ; elle ressemble au *Pl. imbricatus* (Drap.) qui est recouvert d'un épiderme lamelleux faisant paraître aussi la carène dentelée, mais cet épiderme est très-caduc ; le péristome est d'ailleurs sub-continu.

5° *Planorbis vortex* (Muller). Planorbe contourné. — Animal brunâtre, tentacules pâles. Coquille d'un brun très-pâle, ressemblant à un disque, un peu transparente, striée, ombiliquée des deux côtés, concave en dessus et plane en dessous ; ouverture ovale, un peu anguleuse ; bord supérieur bien plus avancé que l'inférieur ; spire de six à sept tours, carénée inférieurement, et par là convexe en dessus. La coquille est caractérisée en ce que les tours augmentent insensiblement de grosseur, et que le dernier n'est pas de beaucoup plus gros que les autres ; hauteur, 1 millimètre et 1/2 ; diamètre, 7 à 8 millimètres (département ?).

6° *Planorbis leucostoma* (Michaud). Planorbe leucostome. — Animal d'un brun rougeâtre en dessus, rose en dessous ; tentacules roses. Coquille très-semblable à la précédente, convexe en dessus, plane en dessous, ombiliquée des deux côtés, d'un jaune obscur, striée, un peu transparente ; *péristome blanc* et *un peu bordé ;* cinq, rarement six tours de spire un peu carénés dans la partie inférieure. La coquille est souvent fermée par un épiphragme blanc, marginé en dedans, épais, presque corné, s'ajustant étroitement sur le bourrelet ; hauteur, 1 à 1 millimètre et 1/2 ; diamètre, 7 à 8 millimètres (Lyon, Grenoble, petites mares susceptibles d'être desséchées par les chaleurs, fossés des anciens glacis, à St-Joseph, etc.).

7° *Planorbis compressus* (Michaud). Planorbe comprimé.

(*Plan. vortex*, var. Drap.) — Coquille ressemblant aussi au *Pl. vortex*, très-aplatie, striée, luisante, transparente, de couleur cornée pâle, ombiliquée des deux côtés ; ouverture ovale et anguleuse ; péristome simple ; sept tours, dont le dernier est plus grand comparativement, et *caréné au milieu* ou presque au milieu, ce qui caractérise la coquille ; hauteur, 1 millimètre et moins ; diamètre, 9 millimètres (Lyon).

8° *Planorbis spirorbis* (Muller). Planorbe spirorbe. — Coquille de même forme encore que le *Plan. vortex*; elle en diffère en ce qu'elle est moins sensiblement carénée, qu'elle n'a que cinq tours, que le tour extérieur est plus grand à proportion, que le bord de l'ouverture est plus épais, que les tours de la spire sont plus convexes inférieurement, ce qui fait que la carène est presque au milieu, que la coquille est plane en dessus, quoique légèrement ombiliquée, et en dessous concave ou fortement ombiliquée ; hauteur, 1 à 1 millimètre et 1/2 ; diamètre, 5 millimètres (nord du département?).

9° *Planorbis marginatus* (Drap.). Planorbe marginé. — Animal noirâtre, tentacules roux. Coquille brune ou noirâtre, carénée, striée, aussi concave en dessus qu'en dessous, quelquefois hispide ; les tours de la spire sont plus convexes en dessus qu'en dessous ; l'angle de la carène est placé inférieurement ; ouverture ovale anguleuse ; lèvre supérieure plus avancée que l'inférieure ; péristome simple ; cinq tours ; hauteur, 2 millimètres et 1/2 ; diamètre, 10 à 13 millimètres (fossés, environs de Grenoble).

10° *Pianorbis carinatus* (Muller). Planorbe caréné. — Coquille très-voisine de la précédente; elle en diffère en ce qu'elle est ordinairement plane en dessous, que la carène est beaucoup plus saillante et occupe presque le milieu de la spire, dont les tours sont presque aussi convexes en dessous qu'en dessus, qu'elle est plus transparente et d'une couleur plus claire, et en ce que, quoique un peu plus grande, elle a un tour de moins à la spire ; l'ouverture a deux angles, elle est échancrée vers le bord columellaire par la saillie que fait la carène de l'avant-dernier tour ; hauteur, 2 millimètres et 1/2 ; diamètre, 12 à 14 millimètres (habite avec la précédente).

11° *Planorbis complanatus* (Drap.). Planorbe aplati. —

Animal noir. Coquille très-luisante, jaunâtre ou blanchâtre, transparente, très-aplatie, convexe en dessus et en dessous, ombiliquée en dessous; bord supérieur plus avancé; péristome simple; ouverture échancrée par la saillie de l'avant-dernier tour; spire de quatre tours, dont le dernier est très-grand à proportion et enveloppe les autres qui ne s'aperçoivent presque pas en dessous. Ce dernier tour est fortement caréné à son milieu, ce qui caractérise la coquille et lui donne un peu la forme d'une petite lentille; hauteur, 1 millimètre; diamètre, 2 et 1/2 à 3 millimètres (fossés, mares des environs de Grenoble, les Granges).

15e GENRE.

PHYSA (Drap.). Physe. — Animal aquatique semblable à celui des limnées, ovale; pied long, arrondi antérieurement, aigu postérieurement; deux tentacules longs, oculés à leur base interne; manteau bilobé, digité sur les bords. Coquille *sénestre*, ovale ou oblongue, fragile; columelle torse; bord latéral très-mince, tranchant; péristome simple.

Espèces.

1° *Physa hypnorum* (Drap.). Physe des mousses. — Animal noir. — Coquille sénestre, allongée et conique vers son sommet qui est *aigu*, très-lisse, brillante, de couleur fauve ou jaunâtre; ouverture ovale oblonge, rétrécie en haut, et dont la longueur égale la moitié de celle de toute la coquille; six tours, dont le dernier est un peu ventru et plus grand à proportion; hauteur totale, 9 à 11 millimètres; diamètre, 3 à 4 millimètres (mousse des fossés peu profonds, fossé extérieur des glacis des anciens remparts, entre les faubourgs Très-Cloître et Saint-Joseph, etc.).

2° *Physa acuta* (Drap.). Physe aiguë. — Coquille sénestre, de couleur un peu cendrée, striée; sommet *aigu*; base de la columelle profondément sinuée avec un bord blanc; ouverture grande, rétrécie en haut; péristome bordé en dedans d'un bourrelet blanc; cinq tours, dont le dernier est très-grand.

Cette coquille ressemble à la suivante, mais, outre que son sommet est aigu, elle est plus grande, plus ventrue, plus épaisse et moins transparente; hauteur totale, 8 à 9 millimètres; diamètre, 4 à 5 millimètres (Lyon, près du pont de la Mulatière, etc.).

3° *Physa fontinalis* (Drap.). Physe des fontaines.— Animal pâle, légèrement noirâtre en dessus; manteau très-découpé. Coquille sénestre, bombée, très-mince et fragile, transparente, lisse, brillante; sommet *obtus;* ouverture grande, allongée, rétrécie en haut; quatre tours, dont l'inférieur ou dernier est très-grand, convexe et ventru; les trois autres sont très-petits; hauteur totale, 5 à 10 millimètres; diamètre, 4 à 6 millimètres; elle varie beaucoup pour la grandeur (très-commune dans les fossés, sur les *sium*, les *chara*, etc.).

16ᵉ GENRE.

LIMNEA (Lamarck). Limnée. (*Limneus*, Drap. *Helix*, Lin.)— Mollusque aquatique ovale, tête large; deux tentacules contractiles, courts, épais, aplatis, triangulaires, oculés à leur base interne; pied large, ovale, bilobé antérieurement, rétréci postérieurement. Coquille ovale oblongue, ventrue, mince, fragile; ouverture ovale, plus longue que large; un pli oblique à la columelle. Les limnées rampent et nagent; elles respirent en se tenant renversées à la surface de l'eau.

Espèces.

A. La longueur ou hauteur de l'ouverture excédant la moitié de la longueur totale de la coquille.

1° *Limnea auricularia* (Michaud). Limnée ventrue. (*Limneus auricularius*, Drap.) — Animal noirâtre, plus pâle en dessous; tête et pied parsemés de points blanchâtres; manteau couvert ordinairement de points dorés et de tâches ou bandes noires qui paraissent au travers de la coquille. Coquille très-ventrue, mince, fragile, transparente, de couleur fauve très-clair, luisante, striée, sommet très-aigu; ouverture arrondie aux deux bouts, énorme par rapport à la coquille ; bord columellaire aplati et évasé dans son milieu ; ce bord s'étend comme un feuillet mince sur la convexité de la coquille, et couvre, par son replis, la fente ombilicale ; quatre à quatre tours et demi, dont l'inférieur fait à lui seul la principale partie du volume de la coquille ; les autres sont très-petits. Var. *A*, hauteur totale, 15 à 18 millimètres ; diamètre, 9 à 12 millimètres ; hauteur de l'ouverture, 13 à 17 millimètres ; largeur, 11 à 14 millimètres. Var. *B*, hauteur totale, 25 millimètres ; diamètre, 14 millimètres ; hauteur de l'ouverture, 19 millimètres ; largeur, 13 millimètres (marais fangeux. Var. *B*, marc du Champ-de-Mars, lac de Saint-Julien-de-Raz, près Voiron, etc.). Il en existe deux variétés, l'une (var. *A*) à spire très-courte, l'autre (var. *B*) à spire plus allongée, très-aiguë, composée de 5 tours ; celle-ci pourrait, à la rigueur, former une espèce *(Limnea acutior)*.

2° *Limnea ovata* (Michaud). Limnée ovale. (*Limneus ovatus*, Drap.) — Animal et coquille semblables à l'espèce précédente. La coquille en diffère en ce qu'elle est moins volumineuse, plus allongée et moins ventrue, plus mince et transparente ; l'ouverture est beaucoup moins large ; les tours de la spire décroissent d'une manière moins rapide, il y en a souvent cinq au lieu de quatre ; hauteur totale, 14 à 18 millimètres ; diamètre, 8 à 9 millimètres ; hauteur de l'ouverture, 11 à 15 millimètres ; largeur, 9 à 11 millimètres. On rencontre beaucoup d'individus non adultes plus petits (extrêmement commune dans les fossés, environs de Grenoble, etc.). La spire est plus ou moins allongée et passe par des transitions insensibles aux espèces voisines.

3° *Limnea intermedia* (Michaud). Limnée intermédiaire.— Coquille tenant le milieu entre le *Limnea ovata* et le *L. peregra*, ovale, très-légère, diaphane, couleur de corne pâle, finement striée en long, profondément perforée ; ouverture ovale, anguleuse dans sa partie supérieure, près de la suture ; péristome un peu marginé en dedans, à 2 à 3 millimètres du bord. C'est de ce point que part l'élargissement subit qui rend l'ouverture évasée ; sommet effilé ; columelle garnie d'une callosité ; cinq tours convexes, le dernier très-grand à proportion ; hauteur totale, 22 à 23 millimètres ; diamètre, 13 à

14 millimètres ; longueur de l'ouverture, 13 à 14 millimètres; largeur, 10 millimètres (fossés, Lyon, etc.; assez abondante).

4° *Limnea peregra* (Michaud). Limnée voyayeuse. (*Limneus pereger*, Drap.) — Animal de couleur grise tirant sur le fauve, quelquefois brunâtre. Coquille cornée, de nuances variables, un peu transparente, striée; on voit dans le dernier tour quelques stries plus saillantes qui indiquent les accroissements successifs de la coquille; spire médiocrement allongée; ouverture ovale oblongue, sa longueur égale plus de la moitié de toute celle de la coquille; le pli oblique, en s'étendant sur la columelle, laisse apercevoir une fente ombilicale et quelquefois l'ombilic lui-même; quatre tours et demi, dont le dernier est très-grand; hauteur totale, 14 à 18 millimètres; diamètre, 6 à 8 millimètres; hauteur de l'ouverture, 10 à 13 millimètres; largeur, 6 à 9 millimètres. Var. *B*, hauteur totale, 11 à 16 millimètres; diamètre, 6 à 7 millimètres; hauteur de l'ouverture, 8 à 12 millimètres; largeur, 6 à 8 millimètres (fossés, marais, Grenoble, Pont-de-Beauvoisin, etc.). Il en existe une variété (*B*) dans les fossés extérieurs des glacis, au Champ-de-Mars, à ouverture très-solide, à columelle très-calleuse, à spire plus courte salie souvent par une incrustation limoneuse très-adhérente ; elle devrait former, d'après M. Terver, une espèce à part.

5° *Limnea marginata* (Michaud). Limnée marginée. — Coquille ovale, solide relativement aux espèces voisines, transparente, perforée, très-légèrement striée en long, de couleur corne pâle; ouverture ovoïde ayant un angle dans sa partie supérieure; péristome bordé en dedans, un peu réfléchi et blanchâtre; columelle recouverte d'une légère callosité ; sommet aigu; spire très-courte; quatre tours convexes, le dernier très-grand. Cette coquille est plus petite, plus solide, plus fortement bordée que le *L. intermedia;* hauteur totale, 11 à 13 millimètres; diamètre, 8 à 9 millimètres; longueur de l'ouverture, 9 millimètres; largeur, 5 millimètres environ (les Alpes).

6° *Limnea stagnalis* (Drap.). Limnée stagnale. (*Limneus stagnalis*, Drap.) — Animal fauve ou roussâtre, plus pâle en dessous. Coquille la plus grosse de nos limnées, transparente, striée, légèrement anguleuse en plusieurs endroits; ouverture grande, ovale; le bord columellaire s'étend comme une feuille mince sur la columelle; dix-sept tours, dont l'inférieur est très-ventru; les autres sont peu bombés et forment une pointe très-effilée; hauteur totale, 40 à 50 millimètres; diamètre, 18 à 22 millimètres (marais, fossés un peu profonds, Sassenage, Gières, etc.).

B. La longueur de l'ouverture moindre que la moitié de la longueur totale de la coquille.

7° *Limnea palustris* (Michaud). Limnée des marais. (*Limneus palustris*, Drap.) — Animal noirâtre. Coquille variant pour la grandeur, brunâtre ou rouge-noirâtre, de forme ovale, allongée, imperforée, conique vers le sommet qui est aigu, striée en long; il existe souvent quelques stries ou saillies spirales, distantes, irrégulières; on peut y observer aussi quelques bandes ou taches longitudinales peu foncées; ouverture ovale, rougeâtre à l'intérieur; six à sept tours convexes; il en existe, aux environs de Grenoble, au moins deux variétés, l'une plus grande (*A*), l'autre (*B*) plus petite; hauteur totale, 30 à 38 millimètres; diamètre, 12 millimètres; var. *B*, hauteur, 20 à 25 millimètres (très-commune dans les fossés et les marais).

8° *Limnea leucostoma* (Michaud). Limnée leucostome. (*Limneus elongatus*, Drap.) — Coquille conique allongée, noire, striée en long et quelquefois spiralement comme la précédente; péristome garni en dedans d'un bourrelet *blanc*; cette coquille est caractérisée par le peu de longueur de l'ouverture qui n'excède pas le tiers ou le quart de la longueur de toute la coquille; sept tours un peu bombés; hauteur totale, 13 à 14 millimètres; diamètre, 4 millimètres; longueur de l'ouverture, 4 à 5 millimètres (lacs, rivières, Ardèche; département?).

9° *Limnea minuta* (Michaud). Limnée petite. (*Limneus minutus*, Drap.) — Animal d'un gris noirâtre ou fauve en dessus; manteau tacheté de jaune. Coquille grisâtre, ovale, un peu oblongue, conique vers le sommet qui est pointu; su-

ture profonde. Cette coquille se reconnaît facilement, lorsqu'elle est adulte, à son petit volume, à sa couleur et à son
ouverture ovale, à bords rapprochés, et dont le péristome est
souvent presque continu ; ce qui lui donne un faux air avec
la *Paludina impura* ou un bulime; cinq tours convexes, dont le
dernier est plus grand à proportion; hauteur totale, 8 à 10
millimètres ; diamètre, 4 à 5 millimètres. Il en existe des variétés plus petites, de 4 à 5 millimètres de hauteur (fossés bourbeux, environs de Grenoble, etc.).

17e GENRE.

ANCYLUS (Geoffroy). Ancyle. (*Patella*, Lin.) — Mollusque
aquatique, rampant, ne nageant pas; pied court, elliptique,
arrondi ; deux tentacules courts, coniques, oculés à leur base
interne ; tête grosse. Coquille sans tour de spire et sans columelle, en forme de cône oblique ou de capuchon; à sommet
pointu et recourbé, dirigé en arrière.

Espèces.

1° *Ancylus fluviatilis* (Muller). Ancyle fluviatile. — Animal
noirâtre. Coquille ovale, en forme de bonnet phrygien, marquée de stries concentriques; sommet un peu obtus et recourbé,
situé non au centre de la coquille, mais vers le bord postérieur;
hauteur, 3 à 4 millimètres ; longueur de l'ouverture, 6 à 7
millimètres; largeur, 4 et 1/2 à 5 millimètres (eaux courantes,
les fossés des Granges, de Sassenage, sur les cailloux et les
plantes; bords de l'Isère au Polygone, sur les cailloux vaseux,
etc.).

2° *Ancylus lacustris* (Drap.). Ancyle des lacs. — Coquille
petite, très-mince, très-fragile, de consistance presque molle,
cornée, moins élevée, moins solide, plus allongée que la précédente, à sommet moins postérieur; ce sommet est un peu
incliné sur le côté ; longueur de l'ouverture, 5 à 6 millimètres; largeur, 2 à 3 millimètres (eaux stagnantes, marais,
sur les joncs, à la Galochère, etc.).

3° *Ancylus sinuosus* (Brard). Ancyle sinueux. — Cette co-

4

quille ressemble à l'*Ancylus fluviatilis*, mais elle est plus petite et le pourtour de son ouverture cesse d'être arrondi en avant et présente une dépression ou *sinus* faisant saillie dans l'intérieur de la coquille ; diamètre, du *sinus* au bord postérieur, plus de 4 à 5 millimètres ; diamètre perpendiculaire au précédent, 4 millimètres (Lyon ; rare).

§ 2. — Mollusques aquatiques respirant dans l'eau.

Ces mollusques sont *operculés* et ne respirent que l'eau au moyen de branchies ; ils rampent ordinairement au fond de ce liquide, ne nageant jamais à la surface ; deux tentacules en forme d'alêne, contractiles, oculés à leur base *externe*. Coquille *operculée*, conoïde ou discoïde, à *péristome continu*.

18ᵉ GENRE,

PALUDINA (Lamarck). Paludine. (*Cyclostoma*, Drap.) — Animal aquatique ne respirant que l'eau ; tête en forme de trompe ; tentacules linéaires, obtus ; sexes séparés. Coquille épidermée, conoïde, à tours arrondis ; ouverture ovale, arrondie, anguleuse supérieurement, à bords *réunis*, tranchants ; *opercule* orbiculaire, corné, strié, squammeux.

Espèces.

1° *Paludina vivipara* (Lamarck). Paludine vivipare. (*Cyclostoma viviparum*, Drap.) — Animal brunâtre parsemé de points et de bandes d'un jaune doré. Les individus femelles sont plus gros. Coquille grande, mince, légère, transparente, striée ; épiderme d'un brun verdâtre. Privée d'épiderme, la coquille est blanchâtre ; trois bandes spirales d'un brun rougeâtre, assez rapprochées et peu distinctes ; ouverture grande assez arrondie ; péristome noir ou bleuâtre ; suture profonde ; ombilic recouvert en partie ; six à huit tours convexes très-distincts ; hauteur totale, 32 à 36 millimètres ; diamètre, 23 à 26 millimètres (fossés, bords du Rhône, Lyon, à l'Ile-Barbe).

2° *Paludina achatina* (Lamarck). Paludine agathe. (*Cyclo-*

stoma achatinum, Drap.) — Cette coquille ressemble à la pré
cédente, dont elle n'est peut-être qu'une variété; elle est plu
dure, plus épaisse; les tours sont moins convexes; la suture
est moins profonde; l'ouverture plus arrondie; cinq à six tours;
hauteur totale, 33 millimètres; diamètre, 20 à 21 millimètres
(habite avec la précédente).

3° *Paludina impura* (Lamarck). Paludine sale. (*Cyclostoma
impurum*, Drap.) — Animal noir avec des points dorés; tentacules longs; pied bilobé en avant. Coquille ovale, un peu oblongue, lisse, assez solide, de couleur brunâtre; elle paraît brune
quand l'animal y est renfermé; elle est souvent salie par des
incrustations limoneuses; sommet aigu; suture assez marquée; ouverture ovale; opercule mince, marquée de deux
sillons circulaires et de stries concentriques très-fines. Coquille
imperforée; cinq tours; hauteur totale, 9 à 11 millimètres;
diamètre, 5 à 6 millimètres (fonds des marais, des fossés
bourbeux; très-commune .

4° *Paludina viridis* (Lamarck). Paludine verte. (*Cyclostoma
viride*, Drap.) — Animal d'un vert foncé qui fait paraître la
coquille noirâtre. Coquille blanche-verdâtre, mince, transparente, imperforée; ouverture grande, ovale; quatre tours,
dont les deux premiers sont très-petits et les deux autres, surtout le dernier, fort grands, ce qui donne à la coquille une
forme très-obtuse; hauteur totale, 4 millimètres; diamètre,
2 millimètres (indiquée par Draparnaud dans les ruisseaux
des montagnes en France; je ne l'ai pas rencontrée aux environs de Grenoble).

5° *Paludina diaphana* (Michaud). Paludine diaphane. — Coquille très-petite, allongée, un peu cylindrique, diaphane,
blanchâtre, luisante, perforée, légèrement striée en long;
ouverture ovale, oblique; péristome tranchant; sommet obtus, mamelonné; cinq tours arrondis, augmentant progressivement; hauteur totale, 3 à 4 millimètres; diamètre, 1 millimètre (Lyon, alluvions du Rhône; rare).

6° *Paludina abbreviata* (Michaud). Paludine raccourcie. —
Coquille très-petite, sub-perforée, ovale, un peu cylindrique,
transparente, luisante, vitrée; suture très-prononcée; ouverture presque ronde; péristome simple et tranchant; sommet
très-obtus, mamelonné; quatre tours convexes qui augmen-

tent sensiblement ; hauteur totale, 1 et 1/2 à 2 millimètres environ ; diamètre, près de 1/2 à 1 millimètre environ (Lyon, dans les alluvions du Rhône ; rare).

7° *Paludina bulimoidea* (Michaud). Paludine bulimoïde. — Coquille très-petite, sub-perforée, ovale-oblongue, un peu cylindrique, transparente, luisante, vitrée, très-lisse ; ouverture ovale, oblique ; péristome simple, tranchant ; columelle quelquefois noirâtre ; sommet obtus, mamelonné ; à l'exception de l'ouverture, elle a parfaitement la forme de l'*Achatina lubrica ;* cinq tours arrondis ; hauteur totale, 1 et 1/2 à 2 millimètres environ ; diamètre, 1/2 à 1 millimètre environ (Lyon, dans les alluvions du Rhône ; rare).

19ᵉ GENRE.

VALVATA (Drap.). Valvée. — Mollusque aquatique ne respirant que dans l'eau ; tête très-distincte ; pied court fourchu en avant ; deux tentacules fort longs, obtus, très-rapprochés ; branchies longues en forme de plumets contractiles. Coquille *discoïde* ou *conoïde*, ombiliquée, à tours de spire cylindroïde ; sommet mamelonné ; ouverture obronde à péristome continu ; opercule corné. Quelques-uns de ces mollusques ressemblent, par la forme discoïde de leur coquille, aux planorbes dont ils diffèrent par la présence d'un opercule et le péristome *continu.*

Espèces.

1° *Valvata piscinalis* (Michaud). Valvée piscinale. (*Cyclostoma obtusum*, Drap.) — Animal d'un gris transparent, les branchies forment au côté droit un plumet plus long que les tentacules. Coquille un peu globuleuse, ressemblant un peu à la *Paludina impura* qui ne serait pas adulte ; d'un brun pâle ou blanchâtre, striée finement en deux sens ; ombilic assez ouvert ; ouverture presque exactement circulaire ; opercule d'un blanc sale et grisâtre, marqué extérieurement d'une strie élevée formant une spirale de six tours ; il rentre ordinairement dans l'intérieur de la coquille ; quatre tours ; hauteur totale, 5 millimètres; diamètre, 5 millimètres (marais du nord du département, Bourgoin, etc.).

2° *Valvata planorbis* (Drap.). Valvée planorbe. — Coquille ressemblant à celle d'un planorbe, aplatie, finement striée, d'un brun pâle, corné, lisse, fortement ombiliquée en dessous et plane en dessus; ouverture exactement ronde; péristome continu, simple; trois tours; hauteur, 1 à 1 millimètre et 1/4; diamètre, 3 millimètres (eaux stagnantes, fossés, environs de Grenoble). D'après M. Terver, les espèces *V. spirorbis* et *minuta* de Draparnaud n'existent pas et appartiennent à celle-ci.

20° GENRE.

NERITINA (Lamarck). Néritine. (*Nerita*, Drap.) — Animal aquatique globuleux; pied circulaire, court, épais; deux tentacules filiformes; yeux sub-pédonculés; une grande branchie en forme de peigne. Coquille semi-globuleuse, operculée, non ombiliquée; ouverture semi-lunaire; bord columellaire plan, formant une large cloison qui rend l'ouverture demi-ronde; opercule demi-rond, muni d'un apophyse ou épine d'un côté.

Espèce.

Neritina fluviatilis (Lamarck). Néritine fluviatile. (*Nerita fluviatilis*, Drap.) — Animal transparent, noirâtre; yeux petits, noirs, placés à la base externe des tentacules sur un petit tubercule. Coquille assez dure, convexe en dessus, plane en dessous, verdâtre, ou jaunâtre, ou blanche avec des taches brunes disposées en manière de réseau ou d'échiquier. On y aperçoit aussi quelquefois deux à trois bandes brunes spirales, peu distinctes; ouverture demi-circulaire et rétrécie par une cloison dure, blanchâtre, qui est une production du bord columellaire; opercule semi-lunaire, jaune-safrané à son bord, marqué vers un des angles d'un apophyse ou pointe assez longue; deux tours, dont le dernier est très-grand et allongé, et l'autre très-petit et forme le sommet de la coquille; hauteur totale, 8 à 9 millimètres; hauteur de l'ouverture, 5 à 6 millimètres (bords concaves de l'Isère, sur les cailloux, au Polygone, dans la petite Isère, etc.).

———◦◦◦———

2ᵉ DIVISION.

ACÉPHALES.

(Mollusques dépourvus de têtes et renfermés dans une coquille bivalve.)

21ᵉ GENRE.

ANODONTA (Drap., Brug.). Anodonte. (*Mytilus*, Lin.)—Animal ovale-oblong ; manteau adhérent ayant les bords épais et frangés ; branchies assez longues ; deux rangées de papilles tentaculaires servant à la respiration ; pied très-grand, épais, quadrangulaire. Les anodontes sont hermaphrodites et vivipares. Coquille grande, transverse, régulière, équivalve, inéquilatérale, mince, légère, nacrée intérieurement ; deux impressions musculaires très-distinctes et latérales, non compris celles des muscles rétracteurs ; *charnière sans dent ;* ligament linéaire, allongé, extérieur.

Espèce.

Anodonta cygnæa (Lam.). Anodonte des cygnes. — Coquille mince pour sa grandeur, recouverte par un épiderme verdâtre, jaune ou brun, marquée de stries concentriques ; le ligament de la charnière est brun et assez long ; *charnière sans dent.* Cette espèce varie beaucoup pour la grandeur (l'*Anodonta anatina*, An. des canards des auteurs, ne paraît être autre chose que cette même coquille non adulte) ; hauteur, 40 à 85 millimètres ; longueur transversale, 70 à 170 millimètres (étangs ; Voreppe ; Sassenage, dans le marais de M. Ferrand, etc.).

22ᵉ GENRE.

UNIO (Drap., Brug.). Mulette. (*Mya*, Lin.) — Animal ressemblant à celui des anodontes; trachée branchiale plus saillante et frangée; pied assez large. Coquille transverse, épidermée, équivalve, inéquilatérale; valves *épaisses*, ordinairement *rongés* au sommet; charnière dentée sur chaque valve; une dent *cardinale* simple ou divisée en deux, articulée, irrégulière, crénelée ou striée; une dent *latérale* en forme de lame allongée, se prolongeant sous le corselet; ligament et impressions musculaires comme les anodontes.

Espèces.

1° *Unio pictorum* (Drap.). Mulette des peintres. — Animal grisâtre. Coquille assez épaisse, ovale, allongée, nacrée en dedans, recouverte en dehors d'un épiderme luisant, verdâtre ou brun, marqué de stries concentriques; sommet un peu proéminent, excorié; dent cardinale comprimée, dentelée; celle de la droite est bifurquée, creusée d'un sillon profond qui reçoit la dent de la valve gauche; dent *latérale* lamelliforme; la gauche est reçue entre deux lamelles de la droite; impression musculaire postérieure (celle qui touche la dent cardinale) profonde. L'impression musculaire antérieure n'est qu'une très-légère dépression. On en distingue deux variétés, l'une plus petite, l'autre plus grande, plus allongée; sa surface, qui est jaunâtre, a des zones de couleur brune; longueur transversale, 65 à 75 millimètres; hauteur, 30 à 40 millimètres (les deux variétés sont assez communes dans les marais des environs de Grenoble).

2° *Unio rostrata* (Mich.). Mulette rostrée. — Cette espèce ressemble à la précédente; elle en diffère en ce qu'elle est plus allongé proportionnellement et plus lancéolée en avant; le bord de la petite carène de son corselet est droit et ne fait point angle; la dent cardinale est plus mince, très-aplatie; les impressions musculaires sont médiocres; hauteur,

30 millimètres environ; longueur transversale, 70 à 75 millimètres ; épaisseur, 20 à 25 millimètres (dans le Rhône).

3° *Unio littoralis* (Cuvier). Mulette littorale. — Coquille
oblique, très-épaisse, sub-tétragone, ovale, recouverte d'un
épiderme noirâtre, épais et raboteux en dehors, qui manque
ordinairement sur les sommets ; elle est moins allongée que
les précédentes ; la charnière est assez étroite ; le bord supérieur présente un *sinus* assez profond vers le milieu de sa longueur ; dent cardinale grosse et pyramidale à gauche, plus
petite et plus obtuse sur la droite ; longueur des plus grands
individus, 60 à 65 millimètres; hauteur, 45 millimètres (nord
du département? Saône).

23ᵉ GENRE.

CYCLAS (Bruguière). Cyclade. (*Tellina*, Lin.) — Animal
épais ; deux trachées fort longues en forme de tubes; pied long
terminé par un appendice. Coquille épidermée, ovale ou presque orbiculaire, régulière, équivalve, inéquilatérale ; sommet
protubérant; charnière formée sur chaque valve d'une ou plusieurs dents *cardinales* et latérales souvent peu prononcées ;
ligament extérieur et bombé ; deux impressions musculaires
peu apparentes réunies.

Espèces.

1° *Cyclas cornea* (Drap.). Cyclade cornée. — Animal grisâtre. Coquille assez mince, un peu transparente, bombée, obtuse, sub-équilatérale, nacrée à l'intérieur, d'un jaune sale
ou brunâtre à l'extérieur, marquée de bandes transversales ;
ligament de la charnière apparent à l'extérieur ; l'on remarque sur la lunule et le corselet une tache pâle-jaunâtre allongée ; longueur transversale, 20 millimètres; hauteur, 16 millimètres ; épaisseur, 11 à 12 millimètres (nord du département? Saône).

2° *Cyclas rivalis* (Drap.). Cyclade riverine.— Coquille semblable à la précédente, mais beaucoup plus petite, plus mince,
plus transparente; on n'aperçoit pas les deux taches existant

sur la précédente; longueur transversale, 12 à 13 millimètres; hauteur, 10 millimètres; épaisseur, 6 à 7 millimètres
(assez commune dans les fossés aux environs de Grenoble).

3° *Cyclas fontinalis* (Drap.). Cyclade des fontaines. — Coquille très-petite, globuleuse, un peu déprimée; valves ordinairement blanchâtres ou grisâtres présentant ordinairement,
à mesure que la coquille grandit, une teinte brune, ferrugi-
neuse, visible surtout vers le sommet; celui-ci est un peu
inéquilatéral et assez saillant; les dents de la charnière sont à
peine sensibles; hauteur, 2 à 2 millimètres et 1/2; largeur
transversale, 3 à 3 millimètres et 1/2 (environs de Grenoble,
fossés, mares herbeuses peu profondes; assez commune). On
en rencontre une variété plus grande.

4° *Cyclas caliculata* (Drap.). Cyclade caliculée. — Coquille
sub-déprimée, à valves d'un blanc jaunâtre, très-minces et
fragiles; elle est facile à reconnaître à sa forme un peu car-
rée, tous les bords étant presque droits, à l'exception de l'inférieur qui seul est un peu arrondi et ordinairement bordé d'une
bande jaunâtre; un autre caractère saillant est que le sommet de chaque valve présente une sorte de mamelon arrondi,
circonscript et creux vers l'intérieur de la coquille; hauteur,
6 à 7 millimètres; longueur transversale, 8 à 9 millimètres
(Lyon, Grenoble, marais de Sassenage, etc.).

5° *Cyclas palustris* (Drap.). Cyclade des marais. — Coquille
globuleuse et un peu comprimée, inéquilatérale; la forme de
chaque valve représente inexactement un triangle dont tous
les côtés sont inégaux; elle est plus petite, plus inéquilatérale, plus striée à proportion que le *Cyclas rivalis;* les dents
sont plus saillantes; sa couleur est brunâtre, avec des bandes
plus foncées; elle est bleuâtre en dedans; on compte six à huit
dents à la charnière; longueur transversale, 9 millimètres;
hauteur, 7 à 8 millimètres (environs de Grenoble, ruisseau
du Moulin-de-Canel).

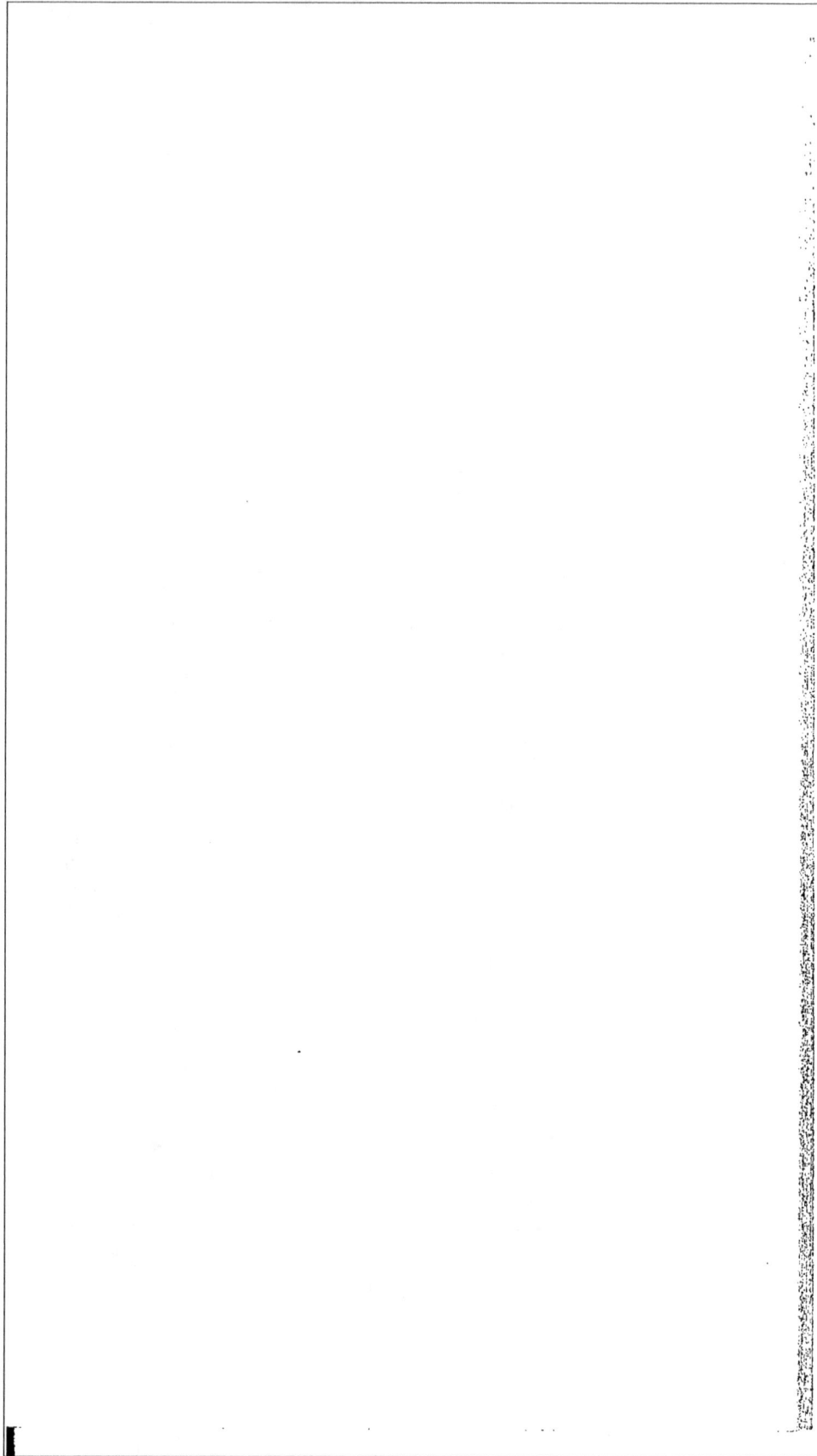

ANALYSE

DICHOTOMIQUE DES GENRES ET DES ESPÈCES ANOMALES

DE MOLLUSQUES DU DÉPARTEMENT DE L'ISÈRE.

TABLE

DES GENRES ET DES ESPÈCES EN FRANÇAIS.

TABLE

DES GENRES ET DES ESPÈCES EN LATIN.

ADDITIONS ET SOUSTRACTIONS.

Page 10, ligne 30, après ces mots *situé sur le dos*, ajoutez *on le nomme cuirasse.*

Page 19, ligne 7, au lieu de *oculés sans opercule*, lisez *oculés, sans opercule.*

Page 19, ligne 24, après ces mots *trou pulmonaire fort grand*, ajoutez *pied bordé de lignes alternativement noires et jaunes.*

Page 24, dernière ligne, après *couleur de corne*, ajoutez *ou rosée.*

Page 26, ligne 30, au lieu de *jaunâtre, coquille globuleuse*, lisez *jaunâtre. Coquille globuleuse.*

Page 29, ligne 3, au lieu de *quinze*, lisez *dix-huit.*

Page 33, ligne 5, au lieu de *diamètre*, 7 *millimètres*, lisez **5** *et* 1/2 *à* 6 *millimètres.*

Page 35, ligne 17, au lieu de *cricetorum*, lisez *ericetorum.*

Page 36, ligne 2, même correction.

Page 45, ligne 31, après ces mots *ordinairement grisâtre*, ajoutez *ou brune.*

Page 47, ligne 3, après ces mots *mais elle est plus petite*, ajoutez *on n'aperçoit que deux dents sur l'espèce des environs de Grenoble, savoir : une sur la columelle, et l'autre plus enfoncée et un peu transversale sur le bord inférieur. Le point correspondant à cette dernière apparaît au dehors comme une tache blanchâtre. Notre espèce devrait donc s'appeler plutôt* Pupa bidentalis.

Page 49, ligne 4, au lieu de *sept plis*, lisez *sept à huit plis.*

Page 49, ligne 7, après ces mots *près du bord latéral*, ajoutez *derrière ce pli il en existe souvent un autre très-petit, très-enfoncé et à peine visible, ce qui fait alors trois plis sur la columelle.*

Page 51, avant-dernière ligne, après ces mots *sur les vieux murs*, ajoutez *Grenoble, au pied des saules du côté du pont de fer.*

Page 52, ligne 16, au lieu de *sur les espèces des environs de Grenoble*, lisez *sur toutes les espèces des environs de Grenoble*, et ajoutez *on en rencontre pourtant à la Bastille, près Guy-Pape, une variété pourvue de deux dents, savoir : une sur la columelle, et une sur le bord inférieur.*

Page 52, ligne 27, après ces mots *péristome réfléchi*, ajoutez *dos marqué d'un bourrelet blanchâtre comme le* Pupa marginata.

Page 54, ligne 20, au lieu d'*opercubée*, lisez *operculée.*

Page 64, ligne 3, au lieu de *dix-sept tours*, lisez *six à sept tours.*

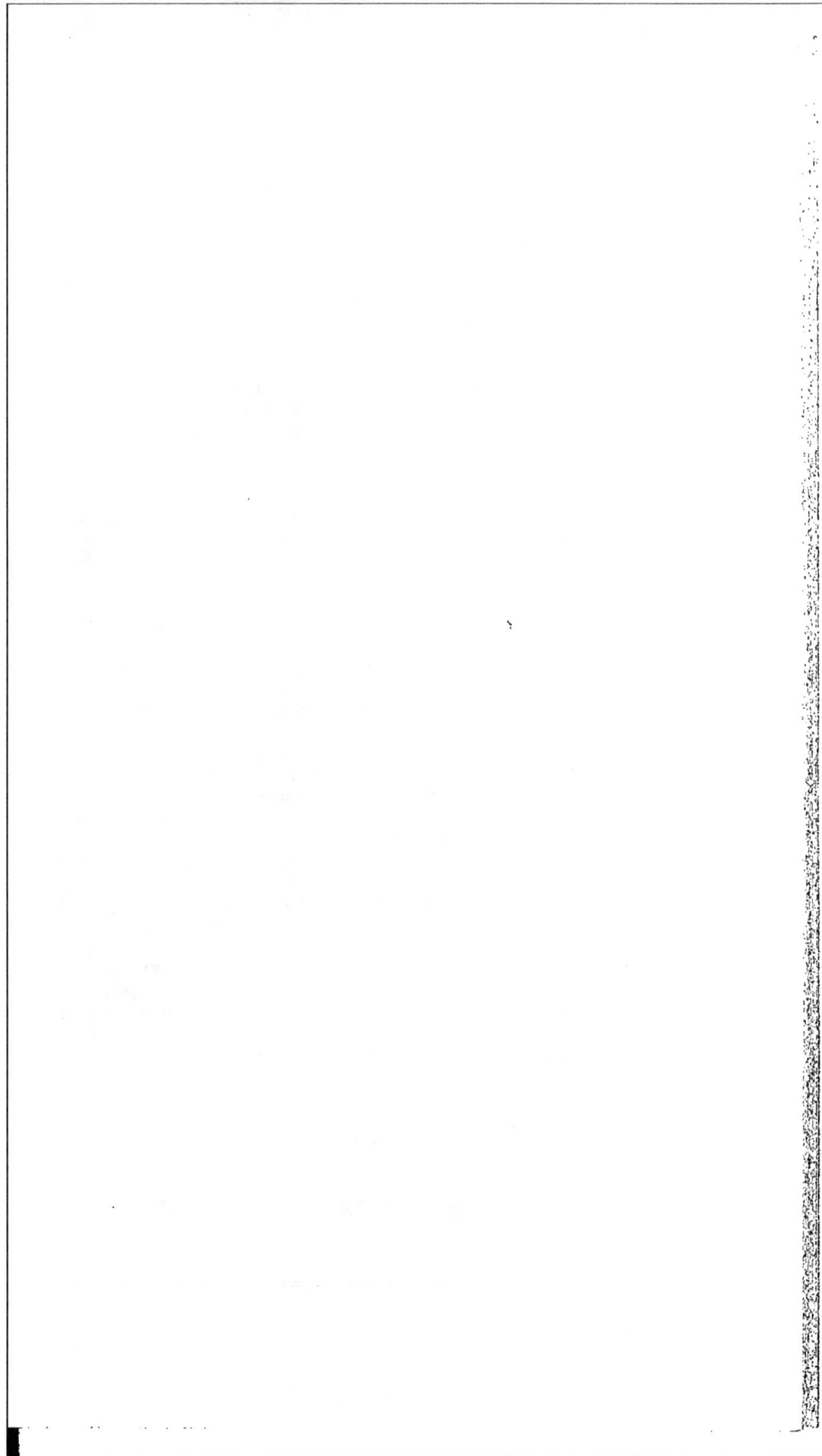

APPENDICE.

DESCRIPTION

DES

MOLLUSQUES FLUVIATILES ET TERRESTRES DE FRANCE

QUI NE SE RENCONTRENT PAS DANS LE DÉPARTEMENT DE L'ISÈRE.

AVIS DE L'ÉDITEUR.

Afin de rendre ce petit ouvrage plus complet, l'auteur a bien voulu, à notre prière, y joindre une description succincte des mollusques fluviatiles et terrestres de France qui ne se rencontrent pas dans le département de l'Isère.

DESCRIPTION

DES

MOLLUSQUES FLUVIATILES ET TERRESTRES DE FRANCE

QUI NE SE RENCONTRENT PAS DANS LE DÉPARTEMENT DE L'ISÈRE.

2ᵉ GENRE. — LIMAX, limace.

Espèces.

1° *Limax marginatus* (Drap.). Limace marginée.— Animal de couleur cendré; manteau grenu, tacheté de points noirs disposés en forme de bande de chaque côté; corps légèrement ridé, tacheté aussi de petits points noirs épars, mais moins nombreux et moins grands que sur le manteau; dos extrêmement caréné. Animal de la grandeur de l'*Arion rufus* (40 millimètres), ne sortant que la nuit (Languedoc).

2° *Limax sylvaticus* (Drap.). Limace des bois. — Animal de couleur violacée, sans taches; manteau *bossu* en arrière et marqué de stries circulaires. Cette limace ressemble au *Limax agrestis*, dont elle n'est peut-être qu'une variété; longueur, 35 millimètres (bois).

3° *Limax tenellus* (Muller). Limace gélatineuse. — Animal verdâtre, pâle; tête et tentacules noirs; corps très-peu ridé (lieux humides).

4° *Limax bruneus* (Drap.). Limace brune. — Animal d'un brun noirâtre, légèrement ridé, à manteau plus pâle et plus court que le cou (lieux très-humides).

5° *Limax hortensis* (de Blainville). Limace des jardins. — Animal noir; dos presque cylindrique, très-noir, fascié longitudinalement de gris; bord orangé; tentacules presque blancs; limacelle ovale, concave; longueur, 40 millimètres (jardins; il dévore les fraises).

4e GENRE. — VITRINA, vitrine.

Espèces.

1° *Vitrina diaphana* (Drap.) Vitrine diaphane. — Coquille un peu déprimée, blanchâtre, très-luisante, très-transparente, mince, fragile; ouverture extrêmement grande, plus large en bas qu'en haut; la suture paraît bordée de vert; deux à deux tours et demi. Cette espèce diffère surtout de la *Vitrina pellucida* par la grandeur de l'ouverture; hauteur, 3 millimètres; diamètre, 4 millimètres; largeur, 6 millimètres.

2° *Vitrina elongata* (Drap.). Vitrine allongée.— Animal allongé et trois à quatre fois plus long que la coquille. Coquille blanche, mince, fragile, transparente, luisante; ouverture assez exactement ovale, étant très-peu échancrée par la saillie du premier tour; pas tout à fait deux tours de spire; premier tour très-petit, second tour très-large et allongé à l'ouverture; hauteur, 2 millimètres; diamètre, 2 millimètres et 1/2; largeur, 4 millimètres.

5e GENRE. — HELIX, hélice.

Espèces.

I. Coquille conique et ombiliquée.

1° *Helix conoïdea* (Drap.). Hélice conoïde. — Coquille conoïde, blanche, striée, ordinairement fasciée, quelquefois flambée; sommet un peu aigu; ouverture très-arrondie, aussi haute que large; péristome simple, réfléchi auprès de l'ombilic qui est peu ouvert; suture profonde; cinq à six tours un peu bombés, le dernier tour est un peu caréné, et le devient d'autant moins qu'il approche de sa fin; hauteur, 5 millimètres; diamètre, 5 millimètres (côtes sablonneuses de la Méditerranée).

2° *Helix conica* (Drap.). Hélice conique. — Coquille en

forme de cône court, plus raccourcie que pour la précédente, un peu plane en dessous, blanche ou jaunâtre, carénée, ordinairement fasciée ou flambée ; sommet obtus ; suture bordée par la saillie de la carène ; ouverture plus large que haute ; ombilic peu ouvert ; cinq à six tours convexes ; hauteur, 4 à 5 millimètres ; hauteur totale, 5 à 6 millimètres ; diamètre, 6 à 7 millimètres (côtes de la Méditerranée).

3° *Helix elegans* (Drap.). Hélice élégante.— Coquille exactement conique, assez plane en dessous, et souvent fasciée ou flambée, fortement carénée, blanche, striée ; sommet obtus ; suture superficielle, bordée par l'angle de la carène qui est très-saillant ; ouverture déprimée, ayant un angle aigu formé par la carène ; ombilic un peu évasé ; six à sept tours plans ; hauteur, 5 à 7 millimètres ; diamètre, 8 à 10 millimètres (Midi, sur les plantes sèches).

4° *Helix pyramidata* (Drap.). Hélice pyramidée.— Coquille ombiliquée, conoïde un peu ventrue, striée, blanche ou jaunâtre, quelquefois fasciée ou flambée ; suture assez profonde ; carène à peine sensible, surtout au dernier tour ; sommet obtus, brun ; ouverture plus large que haute ; péristome évasé vers l'ombilic et marginé en dedans ; sept tours assez bombés ; hauteur, 6 à 8 millimètres ; diamètre, 8 à 10 millimètres (plages de la Méditerranée).

II. Coquille globuleuse.

1° *Helix aculeata* (Drap.). Hélice hérissée.— Petite coquille globuleuse conique, brune et mince, hérissée de petites lames longitudinales saillantes, terminées dans leur milieu en une pointe un peu recourbée ; suture profonde ; ouverture arrondie, péristome blanchâtre, simple ; ombilic assez ouvert ; quatre tours très-convexes ; hauteur, 2 millimètres ; diamètre, 2 millimètres (environs d'Arbois).

6° *Helix maritima* (Drap.). Hélice maritime. — Coquille très-voisine de l'*Helix variabilis*, mais elle est plus petite, plus conique, plus solide, plus carénée et moins ombiliquée, ses couleurs sont bien plus vives ; elle est fasciée ou flambée ; le péristome est rougeâtre et marginé ; cinq à six tours ; hau·

teur, 5 à 7 millimètres ; diamètre, 8 à 10 millimètres (plages de la Méditerranée).

7° *Helix pisana* (Muller). Hélice rhodostome *(Helix rhodostoma*, Drap.).— Coquille globuleuse, souvent un peu déprimée, perforée, striée, souvent fasciée ou flambée ; on distingue fréquemment, sur le dernier tour, trois à quatre bandes principales formées chacune de trois à six petites bandes ; suture peu profonde ; péristome marginé, *teint en rose*, ce qui caractérise la coquille ; cinq tours qui sont carénés dans la jeunesse ; hauteur, 11 à 14 millimètres ; diamètre, 17 à 18 millimètres (Midi ; commune).

8° *Helix candidissima* (Drap.). Hélice porcelaine.—Coquille très-blanche , épaisse, solide, globuleuse et striée en dessus, plus lisse et un peu plane en dessous, imperforée ou marquée quelquefois d'une fente ombilicale ; suture très-superficielle ; ouverture médiocre, semi-lunaire ; cinq tours dont les premiers sont très-peu convexes ; hauteur, 10 millimètres ; diamètre, 16 millimètres ; les individus de la côte algérienne sont bien plus gros (Provence, sur les plantes sèches).

9° *Helix melanostoma* (Drap.). Hélice mélanostome. — Coquille globuleuse, presque sphérique, grisâtre, épaisse, solide, imperforée, à stries inégales et saillantes ; elle est marquée surtout, sur le tour inférieur, d'une large zone pâle brunâtre ; ouverture arrondie ; péristome ordinairement simple, teint d'une couleur de café brûlé qui s'étend dans l'ouverture sur la convexité de l'avant-dernier tour; quatre tours dont le dernier est extrêmement grand ; hauteur, 22 millimètres; diamètre, 25 millimètres (Midi , au pied des amandiers).

10° *Helix cincta* (Muller). Hélice ceinte. — Coquille intermédiaire entre l'*Helix melanostoma* et l'*Helix pomatia*, globuleuse, solide, blanchâtre, imperforée, striée irrégulièrement; trois à cinq fascies fauves, les inférieures étroites; ouverture arrondie, d'un rouge noirâtre ; péristome simple, légèrement bordé en dedans et un peu réfléchi ; sommet lisse et brun ; épiphragme semblable à celui de l'*Helix pomatia*; six tours; hauteur à l'ombilic ; 27 millimètres ; hauteur totale , 36 millimètres ; diamètre , 30 millimètres (département de l'Yonne).

11° *Helix naticoïdes* (Drap.). Hélice natice. — Animal très-gros relativement à sa coquille et pouvant à peine y être contenu; dessus du corps et tentacules brunâtres; dessous du pied et manteau pâles. Coquille globuleuse, imperforée, un peu ovale, assez mince, d'un vert brunâtre en dehors, blanchâtre en dedans ; striée irrégulièrement ; suture profonde; ouverture demi-ovale, plus haute que large; bord columellaire très-arrondi en haut; péristome simple, blanc en dedans ; épiphragme très-bombé; trois tours et demi dont le dernier est extrêmement grand par rapport aux autres, et donne à cette coquille le port d'une natice; hauteur à l'ombilic, 18 millimètres; hauteur totale, 29 millimètres; diamètre, 24 millimètres (Midi, Provence). Ce mollusque se mange; il est le meilleur au goût et le plus léger pour l'estomac.

12° *Helix vermiculata* (Muller). Hélice vermiculée.— Animal pâle ou jaunâtre, un peu noirâtre en dessus, se retirant fort dans l'intérieur de sa coquille; dard vénérien long. Coquille globuleuse, quelquefois un peu déprimée, épaisse, blanchâtre, un peu cornée ou fauve pâle, ordinairement toute parsemée de petits traits blancs ou pâles, avec de légères dépressions; imperforée; quatre ou cinq fascies; des deux fascies inférieures, qui sont assez étroites et non continuées, l'une d'elles coupe le bord latéral à son insertion ; ouverture médiocre, arrondie, plus haute que large ; bord columellaire droit et bossu dans son milieu ; péristome blanc, épais et réfléchi ; cinq tours ; hauteur, 17 millimètres; diamètre, 24 millimètres (Midi, dans les vignes, les jardins, etc.). Edule.

13° *Helix lactea* (Muller). Hélice lactée. — Animal gris, noirâtre en dessus. Coquille solide, convexe, imperforée, grisâtre ou noirâtre, fasciée de jaune ou de brun, et marquée d'une multitude de points blancs disposés irrégulièrement ; bouche noire à l'intérieur et sur la convexité de l'avant-dernier tour; péristome blanchâtre réfléchi ; bord columellaire droit présentant une petite dent obtuse ; cinq tours ; hauteur, 18 millimètres; diamètre, 28 millimètres (Perpignan, Oran; cette espèce est très-voisine de la précédente).

III. Coquille sub-déprimée.

14° *Helix niciensis* (Lam.). Hélice bouche pourprée. — Coquille blanchâtre, un peu striée et luisante, ornée tantôt de fascies jaunâtres interrompues, tantôt de taches quadrangulaires obliques, fauves ou noirâtres : la ligne du milieu est la plus large ; bouche d'un rose plus ou moins foncé ; bord latéral simple, très-peu évasé ; trou ombilical presque recouvert par le bord columellaire ; cinq tours ; hauteur, 12 millimètres ; diamètre, 21 millimètres (les départements du Var et des Basses-Alpes ; Nice, etc.). Cette espèce se rapproche, pour la forme, de l'*Helix Fontenillii* et de l'*H. splendida*.

15° *Helix serpentina* (Lam.). Hélice serpentine.— Coquille un peu lisse, convexe, sub-perforée, blanchâtre, tachée de marques irrégulières et inégales, disposées en bandes ; columelle d'un jaune tirant sur le noir ; bord un peu réfléchi et marginé en dedans ; quatre tours et demi ; hauteur, 11 millimètres ; diamètre, 19 millimètres (la Corse et la Provence).

16° *Helix splendida* (Drap.). Hélice splendide. — Animal pâle, transparent, légèrement noirâtre en dessus. Coquille lisse, luisante, légère, finement striée, imperforée ou pourvue d'une fente ombilicale oblique, marquée de bandes brunes ou fauves ordinairement au nombre de cinq ; des deux inférieures non continuées, l'une coupe le bord latéral à son insertion, la bande supérieure est frangée au bord ou entrecoupée par de petites taches plus foncées ; assez fréquemment ces bandes sont interrompues ou formées par une série de points brunâtres ou fauves ; ouverture demi-ovale arrondie, plus haute que large ; péristome blanc, un peu évasé, réfléchi et marginé en dedans ; suture peu profonde ; quatre tours ; hauteur, 10 millimètres ; diamètre, 16 millimètres (Midi, Languedoc, Provence, sur les collines).

17° *Helix limbata* (Drap.). Hélice marginée. — Coquille globuleuse et un peu conique, de couleur corné-clair, grisâtre ou blanchâtre, assez mince, finement striée, sub-carénée ; carène blanche ; ouverture demi-ovale arrondie, un peu plus haute que large ; péristome évasé et un peu réfléchi, garni d'un bourrelet blanc en dedans; ombilic étroit recouvert par le bord columellaire. Cette coquille se rapproche de l'*Helix cinctella*, mais elle est plus grosse, plus convexe, moins conique, bien moins carénée et plus solide; hauteur, 9 à 10 millimètres; diamètre, 15 millimètres (Languedoc et Guyène).

18° *Helix Olivieri* (Férussac) Hélice d'Olivier. (*Helix carthusianella*, var. *B*, Drap.). — Coquille convexe, cornée; ouverture arrondie; six tours. Coquille très-ressemblante à l'*Helix carthusianella;* elle est moins grande, moins déprimée, d'une couleur plus cornée; l'ouverture est plus arrondie; la bande blanche extérieure à l'ouverture est moins marquée; hauteur, 4 millimètres; diamètre, 8 millimètres (Cette, bord de la mer, sur les joncs).

19° *Helix Terverii* (Michaud). Hélice de Terver.— Coquille légèrement striée, luisante, perforée, blanchâtre ou rousse, marquée de points ou de taches noirâtres ou grises; ouverture arrondie à péristome blanc un peu réfléchi; sommet noirâtre. Cette coquille est caractérisée par des bourrelets intérieurs placés, de distance en distance, au nombre de six à dix; cinq à six tours peu convexes, le dernier légèrement caréné; hauteur, 8 millimètres; diamètre, 15 millimètres (Toulon).

20° *Helix Carascalensis* (Férussac). Hélice de Carascale.— Coquille déprimée, convexe des deux côtés, transparente par place; irrégulièrement striée, grisâtre, tachée d'un jaune verdâtre; ouverture un peu déprimée; péristome bordé, blanc; ombilic étroit; six tours convexes, le dernier sub-caréné et un peu fascié; hauteur, 6 millimètres et 1/2; diamètre, 12 millimètres et 1/2 (près de la cascade de Gavarnie (Hautes-Pyrénées), sous les pierres humides).

21° *Helix intersecta* (Poiret). Hélice interrompue. (*Helix striata*, Drap., var. *B* et *D*).— Coquille convexe, ombiliquée, fortement striée, d'un blanc grisâtre, à fascies interrompues et accompagnées de taches et de points blancs; ouverture arrondie. Cette espèce se rapproche de l'*Helix striata*, mais elle est plus grande, plus fortement striée et plus globuleuse; les fascies sont toujours interrompues et marquetées; cinq tours;

hauteur, 5 millimètres; diamètre, 7 millimètres et 1/2 (Vendée, Bretagne, Paris; coteaux secs).

22° *Helix apicina* (Lam.). Hélice apicine. — Coquille très-voisine et peu distincte de l'*Helix striata;* son ouverture est plus grande et plus évasée; la carène est plus saillante, et la face inférieure est plus convexe; elle est marquée régulièrement, près des sutures, de petites taches grisâtres : ce dessin est constant; cinq tours; hauteur, 4 millimètres; diamètre, 6 millimètres (le Var, la Corrèze, l'Aude, etc.).

23° *Helix neglecta* (Drap.). Hélice négligée. — Coquille très-ombiliquée, striée, blanchâtre ou d'un fauve pâle; quatre ou cinq bandes : une seule très-rarement, deux sont continuées; les bandes non continuées sont toujours confondues par de petits traits bruns, ou interrompues par de petites taches blanches; la bande continuée est souvent frangée; une variété est d'un fauve sale, toute marquetée; ouverture ovale, assez arrondie; péristome brun vineux avec un bourrelet plus pâle; sommet brun; cinq tours dont le dernier est plus grand à proportion. Cette coquille se rapproche de l'*Helix ericetorum*, mais la spire est plus élevée; hauteur, 8 millimètres et 1/2; diamètre, 12 millimètres (Languedoc).

24° *Helix olivetorum* (Gmelin). Hélice semi-rousse (*Helix incerta*, Drap.). — Coquille voisine de l'*Helix cespitum*, mais elle est plus bombée; elle est lisse, luisante, finement striée, d'un roux foncé en dessus, et d'un roux pâle, blanchâtre ou bleuâtre en dessous; ombilic très-grand; ouverture ovale, arrondie, à bords rapprochés; péristome simple; cinq tours et demi; hauteur, 10 millimètres; diamètre, 18 millimètres (Languedoc, Provence, les plantations d'oliviers).

25° *Helix faciola* (Drap.). Hélice bandelette. — Coquille déprimée, cornée et agréablement striée en dessus, blanchâtre, assez lisse, luisante en dessous; dernier tour à peine caréné et marqué d'une bande d'un brun rougeâtre qui se continue un peu sur l'avant-dernier tour; suture profonde; ouverture un peu triangulaire; péristome garni d'un bourrelet épais, blanc et un peu sinueux; ombilic un peu ouvert; cinq tours et demi qui augmentent progressivement et qui sont convexes en dessous, un peu plans en dessus; hauteur, 8 millimètres et 1/2; diamètre, 12 millimètres (La Rochelle).

IV. Coquille aplatie.

26° *Helix Kermovani* (Collard des Cherres). Hélice de Kermovan. (*Helix quimperiana*, Férussac). — Coquille très-fragile pour sa taille, discoïde; sa forme est un peu celle du *Planorbis corneus;* elle est un peu striée, luisante, cornée, convexe et ombiliquée en dessous; ouverture presque ronde; péristome blanc, réfléchi; sommet enfoncé; cinq tours convexes coupés à des distances irrégulières par une espèce d'anneau d'un blanc jaunâtre; hauteur, 9 millimètres; diamètre, 22 millimètres (Quimper, environs de Brest; abondante à Kervalon).

27° *Helix Pyrenaica* (Drap.). Hélice des Pyrénées. — Coquille aplatie, verdâtre, cornée, lisse et luisante, sans bande, à peine carénée; ouverture ovale, échancrée, un peu semilunaire; le bord columellaire est plus long que le bord latéral; péristome réfléchi, un peu épaissi, blanc avec un petit liseré rougeâtre au bord; ombilic assez évasé; elle ressemble à l'*Helix cornea*, mais le péristome n'est pas sub-continu comme dans cette dernière; quatre et demi à cinq tours; hauteur, 8 millimètres; diamètre, 17 millimètres (Pyrénées).

28° *Helix Rangiana* (Michaud). Hélice de Rang.—Coquille aplatie, cornée, luisante, transparente, presque plate en dessus, convexe en dessous, à stries élégantes et égales; dernier tour caréné, à carène saillante; ouverture déprimée; péristome réfléchi, grimaçant et armé d'une espèce de bec ou dent recourbée, produite par un sinus ou échancrure qui se trouve de chaque côté; ombilic un peu ovale, effet produit par la saillie du péristome; sept tours; hauteur, 4 millimètres et 1/2; diamètre, 11 millimètres [Collioure (Pyrénées-Orientales), sur une haute montagne]. Elle est dédiée à M. Sander-Rang.

29° *Helix albella* (Drap.). (*Carocolla albella*, Lamarck). Hélice albelle. — Animal blanchâtre, transparent. Coquille aplatie, striée, fortement carénée, blanche, fauve pâle ou jaunâtre; elle est *plane en dessus* et *très-convexe en dessous;* suture superficielle; ouverture représentant un cœur échancré par la saillie de l'avant-dernier tour ; péristome tranchant, bordé ; ombilic très-ouvert, cinq tours à carène tranchante ; le tour du sommet est noirâtre ; hauteur, 4 à 6 millimètres ; diamètre, 11 à 15 millimètres (Midi ; bord de la mer, sur les joncs).

30° *Helix lenticula* (Férussac). Hélice lenticule.— Coquille très-déprimée, fortement ombiliquée, striée, de couleur corné-clair ou grisâtre ; péristome simple ; sept tours presque plats, le dernier est caréné. Cette coquille se rapproche beaucoup de l'*Helix rotundata*, mais elle est plus grande, plus carénée, moins ombiliquée et sans taches ; hauteur, 3 millimètres ; diamètre, 7 à 8 millimètres [Collioure (Pyrénées-Orientales), sous les pierres humides].

31° *Helix algira* (Lin.). Hélice peson. — Animal gris d'ardoise, bleuâtre, noirâtre en dessus et fortement chagriné. Coquille grande, sub-déprimée, dure, solide, peu carénée, étant adulte, verdâtre ou jaunâtre, avec des stries brunes, à surface grenue, chagrine ; ombilic très-ouvert et laissant apercevoir presque tous les tours ; ouverture un peu déprimée, assez arrondie, semi-lunaire ; péristome simple ; six tours ; hauteur, 18 à 20 millimètres ; diamètre, 38 millimètres (Midi ; commune).

M. Michaud et Draparnaud décrivent sous les noms d'*Helix niteus* et *Helix nitidula* des coquilles qui ne paraissent être que des variétés de l'*Helix nitida*, ou cette hélice non adulte ; elles n'en diffèrent en effet que par leur volume plus petit et l'aplatissement plus ou moins marqué de la spire et de l'ouverture.

7e GENRE. — BULIMUS, bulime.

Espèces.

1° *Bulimus Collini* (Michaud). Bulime de Collin. — Coquille ovale, ventrue, luisante, cornée-brune, perforée ; ouverture ovale ; péristome simple, tranchant ; cinq à six tours, le dernier très-grand. Elle ressemble un peu au *Bulimus montanus* et est intermédiaire pour la grosseur entre celle-ci et le *Bulimus radiatus;* hauteur totale, 16 millimètres; diamètre, 9 millimètres [Verdun (Meuse), sur les écorces d'arbres, dans les bois; rare].

2° *Bulimus decollatus* (Brugnière). Bulime décollé. — Animal noir foncé, chagriné en dessus. Coquille longue, turriculée, conico-cylindrique, d'un fauve clair, épaisse; ouverture ovale à plan incliné; péristome épais et légèrement évasé; bord columellaire réfléchi et recouvrant une fente ombilicale peu considérable. Cette coquille est tronquée vers le sommet dans l'âge adulte, ce qui la caractérise; six à sept tours; elle en aurait quatorze à quinze si elle ne perdait pas successivement les tours du sommet; jeune elle a le sommet obtus; hauteur totale, 38 millimètres et moins; diamètre, 13 millimètres (commune dans le Midi).

8e GENRE. — ACHATINA, agathine.

Espèce.

Achatina folliculus (Michaud) Agathine follicule. (*Physa scaturiginum, jeune,* Drap.). — Coquille allongée, lisse, transparente, jaune; ouverture étroite égalant plus du tiers de la longueur totale de la coquille; sommet obtus; cinq tours, le dernier plus grand. Cette coquille se rapproche de l'*Achatina lubrica*, mais elle est plus grande et plus tronquée; hauteur, 9 millimètres; diamètre, 3 millimètres et 1/2 (Languedoc, Provence, sous les pierres).

9e GENRE. — CLAUSILIA, clausilie.

Espèces.

1° *Clausilia solida* (Drap.). Clausilie solide. — Coquille corné-clair, brunâtre vers le sommet; ouverture presque ronde ; deux plis sur la columelle, et en bas un troisième pli transversal blanc dont les extrémités se terminent ordinairement par deux petites dents ; péristome blanchâtre, épais, réfléchi ; onze tours. Cette espèce ressemble au *Clausilia bideus*, mais elle est bien moins grande, moins ventrue et moins lisse ; l'ouverture est plus arrondie ; hauteur totale, 13 à 15 millimètres ; diamètre, 3 millimètres (Provence, Toulon).

2° *Clausilia plicatula* (Drap.). Clausilie plicatule. — Coquille d'un brun pâle, quelquefois cendrée, à stries élevées ; ouverture ovale, garnie de quatre, cinq et quelquefois six plis sur la columelle ; les deux extrêmes sont quelquefois les plus saillants ; péristome évasé et un peu réfléchi. Cette coquille est à peu près de la grandeur du *Clausilia rugosa* ; douze tours un peu bombés ; hauteur, 13 millimètres ; diamètre, 3 millimètres (nord de la France).

10ᵉ GENRE. — Pupa, maillot.

Espèces.

1° *Pupa pagodula* (Michaud). Maillot pagodule. — Coquille petite, ovale, plus ou moins cylindrique, cornée-pâle, ornée de côtes longitudinales, obliques et régulières ; dernier tour bossu ayant un sillon transversal ; ouverture presque quadrangulaire, sans dents ; péristome continu, blanc ; ombilic profond ; sommet obtus ; huit tours ; hauteur totale, 3 millimètres ; diamètre, 2 millimètres [environs de Bergerac (Dordogne)].

2° *Pupa ringens* (Michaud). Maillot grimace. — Coquille ayant la plus grande ressemblance avec le *Pupa secale*, mais elle est plus ventrue, plus évasée, plus striée, plus fortement ombiliquée ; elle est toujours recouverte d'une poussière blanchâtre ; l'ouverture est semi-lunaire, rétrécie ; le péristome est blanc, réfléchi ; le bord latéral est anguleux ; bouche munie de huit dents ou plis, deux sur le bord columellaire, et trois sur la columelle qui est calleuse ; de ces trois plis, celui du milieu est plus avancé dans l'intérieur ; huit à neuf tours convexes ; hauteur totale, 6 à 7 millimètres ;

diamètre, 3 millimètres et 1/2 [Bagnères de Bigorre (Hautes-Pyrénées)].

3° *Pupa pyrenœaria* (Michaud). Maillot des Pyrénées. — Coquille se rapprochant du *Pupa secale*, mais moins grosse, oblongue, fauve, luisante, striée; péristome blanc, réfléchi; ouverture arrondie, *rétrécie*, garnie de cinq à six plis; bord latéral coudé; columelle calleuse par la continuation du péristome qui la recouvre; elle ne présente qu'un seul pli, ce qui est un des caractères distinctifs de la coquille; neuf tours un peu convexes; hauteur totale, 6 à 7 millimètres; diamètre, 2 millimètres et 1/2 (Pyrénées).

4° *Pupa Goodallii* (Férussac). Maillot de Goodall. — Coquille ovale-oblongue, petite, lisse, très-luisante, fauve, ressemblant un peu au *Bulimus lubricus*, mais un peu moins grand et à suture moins profonde; ouverture grimaçant, presque triangulaire, à angle supérieur aigu, les deux autres étant arrondis; péristome continu, marginé, d'un blanc jaunâtre; deux dents sur le bord latéral; un pli sur le bord columellaire, un autre dans l'angle qui sépare ce bord de la columelle; une lame élevée, et tout près une dent obtuse sur la columelle qui est calleuse; ces plis ou dents sont blancs; sept tours; hauteur totale, 8 millimètres; diamètre, 3 millimètres et 1/2 (les départements de la Moselle et de la Meuse, au pied des arbres).

11° GENRE. — Vertigo, vertigo.

Espèce.

Vertigo edentula (Drap.). Vertigo édenté. — Coquille très-petite, ovale, un peu conique, d'un brun plus ou moins pâle, striée, luisante; ouverture semi-lunaire, *sans dents;* péristome simple; ombilic non évasé; elle diffère du *Vertigo muscorum*, surtout par sa forme non cylindrique; 5 tours; hauteur totale, 2 millimètres et 1/4; diamètre, 1 millimètre et 1/2 (habite dans les haies).

12e GENRE. — Carychium, carychie.

Espèces.

1° *Carychium myosote* (Michaud) Carychie myosote. (*Auricula myosotis* (Drap.). — Animal noirâtre, gris pâle en dessous et en arrière ; mufle noirâtre en forme de trompe. Coquille d'un brun fauve plus ou moins foncé, un peu luisante, ovale un peu oblongue, conique vers son sommet qui est aigu ; finement striée ; ouverture élargie et arrondie inférieurement ; sa longueur égale à peu près la moitié de la coquille ; péristome blanc, évasé, réfléchi ; suture peu profonde ; columelle garnie de trois plis blancs dont les deux inférieurs sont très-marqués et se continuent dans l'intérieur ; huit tours dont le dernier est très-grand et les quatre premiers très-petits ; hauteur totale, 12 millimètres ; diamètre, 4 millimètres et 1/2 (sur les côtes de la Méditerranée ; vit sur les bois pourris).

2° *Carychium personatum* (Michaud). Carychie personnée. — Coquille ovale-oblongue, blanchâtre, mince, lisse, luisante ; ouverture oblongue, anguleuse en haut ; quatre plis sur la columelle, le supérieur très-petit ; le bord latéral présente cinq à six dents placées sur une espèce de bourrelet ; sommet aigu ; sept tours. Cette coquille se rapproche de la précédente, mais elle est plus petite et plus effilée ; hauteur totale, 9 millimètres ; diamètre, 3 à 4 millimètres (côtes de Bretagne, sur les plantes).

13e GENRE. — Cyclostoma, cyclostome.

Espèces.

1° *Cyclostoma pygmæum* (Michaud). Cyclostome pygmée. — Coquille extrêmement petite, solide, ovale-conique, lisse, luisante, sub-perforée, de couleur fauve pâle ; ouverture ronde ; péristome simple, continu ; suture profonde ; sommet obtus ; opercule solide, formé de stries concentriques très-fines ; quatre tours convexes. Il se rapproche un peu, mais il est distinct du *Cyclostoma vitreum* ; hauteur totale, 1 millimètre et 1/2 ; diamètre, 1/2 millimètre (Midi, Provence, trouvé dans des alluvions ; rare).

2° *Cyclostoma patulum* (Drap.). Cyclostome évasé. — Coquille en forme de cône allongé ; assez striée ; ouverture circulaire ; péristome plan, excepté sur la columelle ; opercule mince, pellucide, enfoncé; ombilic non apparent; huit à neuf tours convexes et très-distincts ; il ressemble au *Cyclostoma maculatum*, mais il n'est pas tacheté ; hauteur totale, 7 à 8 millimètres ; diamètre, 3 millimètres (Midi, Montpellier, dans les fentes de rochers).

3° *Cyclostoma trunculatum* (Drap.). Cyclostome tronqué. — Animal blanc. Coquille allongée et *cylindrique*, d'un brun pâle ou bien roussâtre, assez striée, solide; sommet très-obtus, comme si la coquille était tronquée avec une petite fossette au milieu ; opercule mince, sillonné, un peu enfoncé ; suture profonde ; ouverture ovale ; péristome réfléchi; quatre tours dont le premier est lisse; hauteur totale, 5 à 7 millimètres ; diamètre, 2 à 3 millimètres (bord de la Méditerranée et des étangs salés, parmi les plantes).

14° GENRE. — PLANORBIS, planorbe.

Espèces.

1° *Planorbis imbricatus* (Drap.). Planorbe tuilé. — Animal gris ; tentacules blanchâtres. Coquille aplatie et un peu carénée, d'un brun pâle, très-fragile, recouverte d'un épiderme lamelleux qui fait paraître la carène dentelée ; ces lames sont très-caduques ; elle est plane en dessus et concave ou assez ombiliquée en dessous; ouverture ovale, assez arrondie; bord supérieur plus avancé que l'inférieur ; péristome simple, sub-continu ; deux à trois tours ; hauteur, 1 millimètre ; diamètre, 2 millimètres et 1/2 (nord, environs de Paris, sur les plantes aquatiques). Cette espèce est voisine du *Planorbis cristatus*.

★ ★

2º *Planorbis nitidus* (Muller). Planorbe luisant.— Coquille voisine du *Planorbis complanatus*, d'un jaune luisant, striée, convexe en dessus avec une légère fossette, plane en dessous avec un ombilic profond; carène *obtuse* et *inférieure;* ouverture semi-lunaire et profondément échancrée par la saillie de l'avant-dernier tour; bord supérieur bien plus avancé que l'inférieur; péristome simple; quatre tours; le dernier est très-grand relativement aux autres qui ne s'aperçoivent presque pas; hauteur, 1 millimètre et demi; diamètre, 4 millimètres (eaux stagnantes, nord).

15ᵉ GENRE. — PHYSA, physe.

Espèce.

Physa contorta (Michaud). Physe torse. — Coquille ovale, torse, *sénestre*, striée, perforée; suture profonde; bord latéral simple; spire courte, un peu obtuse; quatre tours convexes, le dernier très-grand; hauteur totale, 12 à 13 millimètres; diamètre, 8 millimètres (Pyrénées, entre Collioure et Port-Vendre, dans les ruisseaux qui coulent des montagnes).

16ᵉ GENRE. — LIMNEA, limnée.

Espèce.

Limnea glutinosa (Michaud) Limnée glutineux. (*Limneus glutinosus*, Drap.). — Animal blanchâtre, parsemé de points grisâtres. Coquille jaunâtre, très-fragile, transparente; ouverture très-ample; sommet très-obtus; trois tours; hauteur totale, 13 millimètres; largeur, 9 à 10 millimètres; hauteur de l'ouverture, 10 millimètres; largeur de l'ouverture, 7 millimètres. Cette coquille, ainsi que l'animal, est toujours couverte d'un enduit visqueux [Verdun (Meuse), Angers, les bords de la Loire].

18ᵉ GENRE. — Paludina, paludine.

Espèces.

1° *Paludina similis* (Michaud) Paludine semblable. (*Cyclostoma simile*, Drap.). Coquille ovale, assez courte, un peu ventrue, mince, verdâtre, sans stries sensibles; ouverture ovale; péristome simple; sommet aigu; suture assez profonde; fente ombilicale oblique; quatre à cinq tours; hauteur totale, 5 millimètres; diamètre, 3 millimètres.

2° *Paludina Ferussina* (Ch. Desmoulins). Paludine de Férussac. — Animal très-noir en dessus; pied d'un blanc grisâtre, pourvu de lobes latéraux saillants. Coquille exactement cylindrique, petite, cornée-blanchâtre; suture profonde; ouverture petite, un peu ovale; péristome non évasé ni réfléchi; fente ombilicale très-étroite; sommet obtus un peu tronqué; cinq tours de spire arrondis; opercule gris, assez enfoncé; cette coquille est ordinairement recouverte d'un encroûtement vert noirâtre; hauteur totale, 4 millimètres; largeur du dernier tour, 1 millimètre et 1/4; diamètre du second tour, 3/4 de millimètre (Saint-Médard, près de Bordeaux; au château d'Eyran; les Cévennes, dans les sources).

3° *Paludina bicarinata* (Ch. Desmoulins). Paludine bicarénée. — Animal très-noir; tentacules et pied gris. Coquille très-petite, blanchâtre, sous un épiderme obscur, en cône allongé; ouverture petite; bord columellaire arrondi; bord latéral triangulaire; suture profonde; fente ombilicale très-étroite; cinq tours de spire, les deux premiers très-petits, arrondis, formant mamelon; les deux du milieu ont de chaque côté une carène élevée et obtuse, ce qui forme une excavation au milieu de ces deux tours; le dernier est tricaréné; hauteur totale, 2 millimètres et 1/2; diamètre, 1 millimètre et 1/2 [la petite rivière près de Lalinde (Dordogne); elle rampe sur les pierres au fond des courants d'eau limpide].

4° *Paludina brevis* (Michaud) Paludine courte. (*Cyclostoma breve*, Drap.). — Coquille très-petite, courte, ovale et un peu cylindrique, blanchâtre; suture profonde; ouverture ovale; fente ombilicale très-peu sensible; trois tours dont le premier est très-petit et le second très-grand à proportion, augmentant presque subitement; hauteur totale, 2 millimètres; diamètre, 3/4 de millimètre (le Jura, le Languedoc).

5° *Paludina gibba* (Michaud) Paludine bossue. (*Cyclostoma gibbum*, Drap.). — Animal noir. Coquille petite, ovale, un peu oblongue et conique, blanchâtre, rousse ou verdâtre, mince, striée; elle est caractérisée par deux ou trois bosses longitudinales ou plis qui se trouvent extérieurement vers la fin du dernier tour. L'accroissement de la coquille, à son dernier tour, est très-irrégulier, et l'ouverture se trouve quelquefois presque excentrique, c'est-à-dire hors de l'axe de la spire; la surface est hérissée de petites lames ou poils; ouverture assez exactement ronde; sommet un peu obtus; suture profonde; quatre tours et demi; hauteur totale, 2 millimètres et 1/2; diamètre, 1 millimètre (le Languedoc).

6° *Paludina marginata* (Michaud). Paludine marginée. — Coquille très-petite, ovale, luisante, blanchâtre, très-peu striée; ouverture ovale, arrondie inférieurement, bord latéral *bordé extérieurement;* sommet obtus, mamelonné; cinq tours arrondis; l'avant-dernier un peu renflé; hauteur totale, 1 et 1/2 à 2 millimètres; diamètre, 3/4 de millimètre [Draguignan (Var)].

7° *Paludina acuta* (Michaud) Paludine aiguë. (*Cyclostoma acutum*, Drap.). — Coquille ovale-oblongue, un peu conique, aiguë à son sommet, lisse, transparente, verdâtre; ouverture ovale; péristome simple; fente ombilicale peu prononcée; opercule mince et lisse; six à sept tours; hauteur totale, 4 millimètres et 1/2; diamètre, 2 millimètres (habite les eaux saumâtres au bord de la mer).

8° *Paludina anatina* (Michaud) Paludine des canards. (*Cyclostoma anatinum*, Drap.). — Coquille ovale et un peu conique, blanchâtre, lisse, transparente; stries très-fines; suture peu profonde; sommet aigu; ouverture assez grande et ovale; péristome simple; fente ombilicale assez marquée; quatre tours et demi dont le dernier est grand relativement aux autres et saillant; hauteur totale, 3 millimètres et 1/2; diamètre, 2 millimètres (eaux saumâtres, embouchure des rivières, la Somme, etc.; ouest).

22ᵉ GENRE. — Unio, mulette.

Espèces.

1ᵉ *Unio Requienii* (Michaud). Mulette de Requien. — Coquille oblongue, mince, d'un vert tendre, marquée par es-
paces de bandes brunes ; elle est arrondie en arrière, *obliquement anguleuse en avant ;* bord supérieur en ligne droite,
bord inférieur un peu sinueux ; crochets élevés et tubercu-
leux ; dents cardinales aplaties, tranchantes et striées. Cette
coquille est caractérisée par sa couleur, sa forme, son peu
d'épaisseur, et par la ligne qui part de l'extrémité antérieure
du bord supérieur pour se diriger obliquement vers le bord
inférieur ; hauteur, 30 millimètres ; longueur transversale,
65 millimètres ; épaisseur, 18 à 20 millimètres [Arles (Bou-
ches-du-Rhône)].

2º *Unio Deshayesii* (Michaud). Mulette de Deshayes. — Coquille oblongue, jaune-verdâtre, rugueuse, obtusément anguleuse en arrière, bâillante en avant, un peu sinueuse au
bord inférieur ; crochets un peu élevés ; dents cardinales petites, aplaties et dentelées. Elle est beaucoup plus allongée et
moins épaisse que l'*Unio pictorum ;* sa partie postérieure est
plus obtuse quoique plus grande ; la dent cardinale est moins
prononcée et moins conique ; hauteur, 33 millimètres ; longueur transversale, 90 millimètres ; épaisseur, 27 millimètres [Quimper (Finistère)].

3º *Unio batava* (Lamarck) Mulette obtuse. (*Unio pictorum*,
var. *B*, Drap.). — Coquille ovale, enflée, d'un vert jaunâtre,
ornée de rayons d'un vert plus foncé ; nacre intérieure d'un
blanc de lait, quelquefois légèrement jaunâtre ; bord postérieur très-court, l'antérieur courbé obliquement et arrondi à
l'extrémité ; dent cardinale épaisse, conique, striée ; hauteur,
27 à 30 millimètres ; longueur transversale, 40 à 45 millimètres (la Moselle, la Meuse, Strasbourg).

4º *Unio sub-tetragona* (Michaud). Mulette sub-tétragone. —
Coquille ovale, *sub-tétragone*, épaisse, bâillante des deux côtés, brune, ornée de rayons verts ; bord inférieur sinueux ;

bord supérieur presque droit ; bord postérieur arrondi ; bord antérieur tronqué ; dents cardinales épaisses, obtuses, sillonnées ; la latérale forme une lame obtuse ; sommets un peu élevés ; hauteur, 35 millimètres ; longueur transversale, 55 millimètres ; épaisseur, 22 millimètres (Nantes).

5° *Unio Roissyi* (Michaud). Mulette de Roissy. — Coquille oblongue, noire, rugueuse, épaisse, enflée, bâillante des deux côtés ; obtusément anguleuse, postérieurement plus large en avant ; arquée au bord supérieur ; nacre intérieure bleuâtre sur les bords et de couleur de chair partout ailleurs ; ces deux couleurs sont variées de taches irrégulières d'un vert jaunâtre plus ou moins foncé ; dent cardinale épaisse, petite, un peu aiguë ; la latérale n'est marquée que par un gros bourrelet sur lequel s'étend un sillon à peine visible. Cette espèce se rapproche de l'*Unio elongata*, mais elle est plus large surtout en avant, plus longue, plus ventrue ; le bord supérieur est moins arqué ; le sinus du bord inférieur est à peine sensible ; la dent cardinale est plus petite, presque tranchante, elle n'est pas crénelée et accompagnée d'une petite dent ; hauteur, 45 à 50 millimètres ; longueur transversale, 1 décimètre et plus ; épaisseur, 38 à 40 millimètres (Tour-la-Ville, près de Cherbourg).

6° *Unio elongata* (Michaud). Mulette allongée. — Coquille oblongue, épaisse, noire et rugueuse à l'extérieur, arquée au bord supérieur, sinueuse au bord inférieur ; nacre intérieure bleuâtre aux bords, et couleur de chair en dedans, avec des taches irrégulières d'un vert jaunâtre plus ou moins foncé ; crochets peu élevés ; dent cardinale un peu conique, épaisse, petite, obtuse et sillonnée ; à 8 à 10 millimètres d'elle, on remarque en avant, sur la valve gauche, une espèce de petite dent conique ; c'est entre ces deux dents que vient se placer la division antérieure de la dent cardinale de la valve droite ; chaque dent cardinale est ainsi *bifide* ou *sub-bifide ;* la dent latérale, à peine apparente, est représentée par un bourrelet obtus marqué d'un très-léger sillon ; hauteur, 45 millimètres ; longueur transversale, 95 millimètres ; épaisseur, 27 millimètres [Ussel (Corrèze), dans la Sarsonne].

7° *Unio margaritifera* (Drap.). Mulette margaritifère, vulgairement moule du Rhin. — Coquille très-épaisse, ovale-oblongue, assez bombée, blanche, recouverte extérieurement d'un épiderme brun ou noir, et marquée de stries ou crues très-prononcées; nacre intérieure d'un blanc de lait ; le bord inférieur est échancré ou sinué dans son milieu; les valves sont un peu bâillantes ; dent cardinale sur la valve droite, grosse, élevée, conique et irrégulièrement dentelée: la dent cardinale, sur la valve gauche, est subdivisée en deux dents plus petites, entre lesquelles se loge la dent cardinale droite ; dent latérale prononcée en forme de côte élevée ; hauteur, 60 millimètres ; longueur transversale, 12 centimètres (le Rhin, les rivières du Nord).

23e GENRE. — CYCLAS, cyclade.

Espèces.

1° *Cyclas rivicola* (Lamarck). Cyclade des rivières. — Coquille la plus grande des *cyclas*, ovale, assez solide, bombée, striée, couverte d'un épiderme brun, interrompu le plus souvent par une ou deux zones étroites de couleur cornée ; elle est moins enflée, plus épaisse, plus grosse que le *Cyclas cornea;* elle se rapproche un peu des cyrènes, genre exotique ; longueur transversale, 20 à 25 millimètres ; hauteur, 15 à 18 millimètres (commune dans les rivières de la Bretagne).

2° *Cyclas lacustris* (Drap.). Cyclade des lacs. — Coquille plus mince, plus pâle et beaucoup plus aplatie que les *Cyclas cornea* et *rivalis;* elle est finement striée et un peu inéquilatérale ; dos des valves de couleur cendrée ; sommet petit, peu saillant ; charnière assez droite paraissant manquer de dents au milieu ; les dents latérales sont très-petites ; lorsque les deux valves sont rapprochées, leur bord est aigu ; les deux bords latéraux en particulier, au lieu d'être arrondis, sont assez droits, surtout l'antérieur ; hauteur, 8 millimètres ; longueur transversale, 10 millimètres ; épaisseur, 4 millimètres (habite les lacs et les marais ; assez rare).

TABLE

DES NOMS FRANÇAIS DE L'APPENDICE.

TABLE

DES NOMS LATINS DE L'APPENDICE.

FIN DE L'APPENDICE.

EXPLICATION DE LA PLANCHE I.

Fig. 1. *Helix pomatia* (copiée d'après nature), exemple de coquille univalve à péristome disjoint ou discontinu. *a* sommet de la coquille; *b* base; *c* ombilic; *d* dos; *e* bouche ou ouverture; *f* columelle, correspondant à la convexité de l'avant-dernier tour; *g* lèvre ou bord *columellaire* de la bouche, nommé aussi *bord gauche* ou *lèvre gauche; h* lèvre ou bord *latéral* ou *externe; i* lèvre ou bord *inférieur; g i h* pourtour de la bouche ou *péristome; k k k* suture.

Fig. 2. *Paludina vivipara* (cop. d'ap. nat.), exemple de coquille univalve à péristome continu. *a* sommet; *b* base; *c* ombilic; *d* dos; *e* bouche ou ouverture; *f* bord ou lèvre *supérieure; g* lèvre ou bord *columellaire* ou *gauche; h* lèvre ou bord *latéral* ou *externe; i* lèvre ou bord *inférieur; fg i h* péristome; *k k k k* suture.

Fig. 3. Opercule de la *Paludina vivipara.*

Fig. 4. *Arion subfuscus* (cop. d'ap. Draparnaud, *mollusques de France*). *a a a* manteau ou cuirasse; *b b b* corps; *c c c c* pied conjoint avec le corps; *d* pore muqueux terminal; *e e* tentacules supérieurs *oculés; f f* tentacules inférieurs; *g* trou pulmonaire.

Fig. 5. *Helix lapicida* (cop. d'ap. nat.), exemple d'hélice à péristome continu.

Fig. 6. *Helix obvoluta* (cop. d'ap. nat.), exemple d'hélice *planorbique,* c'est-à-dire à tours de spire s'enroulant sur un même plan.

Fig. 7. Valve gauche (Drap.) de l'*Unio pictorum*, vue par sa face intérieure (d'ap. nat.). *a* bord antérieur; *b* bord postérieur; *c c c* charnière ou bord supérieur; *d d d* bord inférieur; *e* empreinte musculaire antérieure; *f* empreinte musculaire postérieure; *i* sommet ou crochet; *g* dent cardinale; *h h* dent latérale en forme de lame.

Fig. 8. Valve droite (Drap.) de l'*Unio pictorum*, vue par sa face extérieure (d'ap. nat.). *a* bord antérieur; *b* bord postérieur; *c c c* charnière ou bord supérieur; *d d d* bord inférieur; *f* lunule (*anus*, Lin.); *i* sommet ou crochet; *j* dos ou ventre; *k k* corselet (*vulva*, Lin.).

Pl. I.

fig. 1   *fig. 3*   *fig. 2*

fig. 4

fig. 5   *fig. 6*

fig. 7   *fig. 8*

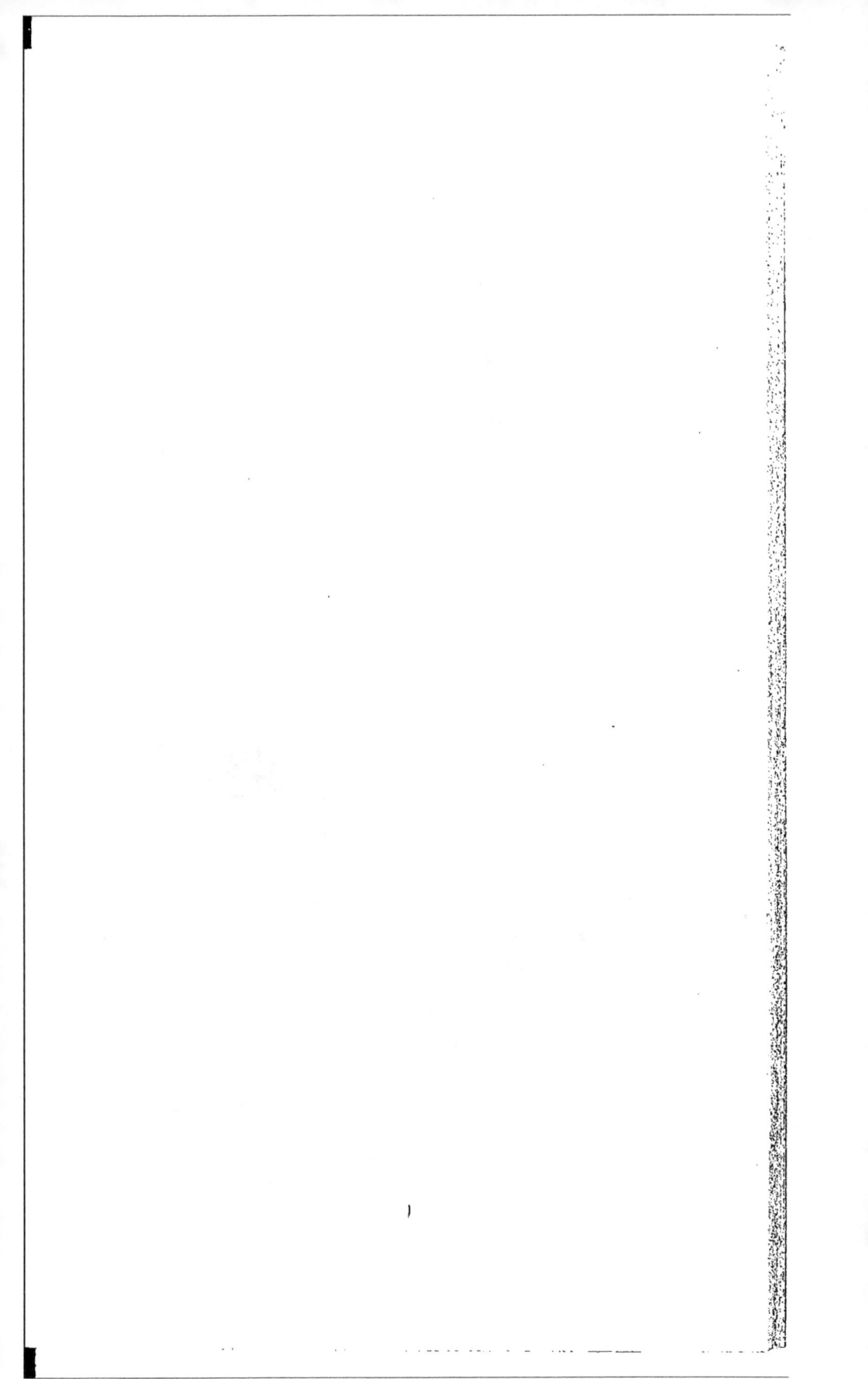

)

EXPLICATION DE LA PLANCHE II.

Fig. 1. Coquille du *Testacellus haliotideus* (copiée d'après Draparnaud, *loc. cit.*).

    2. *Vitrina pellucida* (d'après nature).

    3. *Vitrina subglobosa* (cop. d'ap. **M.** Michaud, complément de
Drap.).

    4. *Helix bidentata* (cop. d'ap. **M.** Mich., *loc. cit.*).

    5.   — *edentula* (d'ap. nat.).

    6.   — *unidentata* (d'ap. Drap., *loc. cit.*).

    7.   — *rugosiuscula* (d'ap. nat.).

    8.   — *fulva* (d'ap. nat.).

    9.   — *rupestris*, de grand. nat. et grossie (d'ap. nat.).

    10.   — *fruticum*, var. *A* (d'ap. nat.).

    11.   — *strigella* (d'ap. nat.).

    12.   — *variabilis* (d'ap. Drap., *loc. cit.*).

    13.   — *arbustorum* (d'ap. nat.); l'espèce des très-hautes mon-
tagnes est plus petite.

    14.   — *aspersa* (d'ap. nat.).

    15.   — *sylvatica*, var. à bandes (d'ap. nat.).

    16.   — *nemoralis*, var. à bandes (d'ap. nat.).

    17.   — *hortensis*, variété (d'ap. nat.); l'espèce ordinaire a la
bouche de même forme que l'*helix nemoralis*.

    18.   — *undulata* (d'ap. **M.** Mich., *loc. cit.*).

    19.   — *personata* (d'ap. nat.).

    20.   — *cinctella* (d'ap. nat.).

    21.   — *ciliata* (d'ap. **M.** Mich., *loc. cit.*).

    22.   — *incarnata* (d'ap. Drap., *loc. cit.*).

    23.   — *carthusianella* (d'ap. nat.).

    24.   — *carthusiana* (d'ap. Drap., *loc. cit.*).

    25.   — *glabella* (d'ap. nat.).

    26.   — *sericea* (d'ap. nat.).

    27.   — *revelata* (d'ap. **M.** Mich., *loc. cit.*).

    28.   — *plebeia* (d'ap. Drap., *loc. cit.*).

Pl. II.

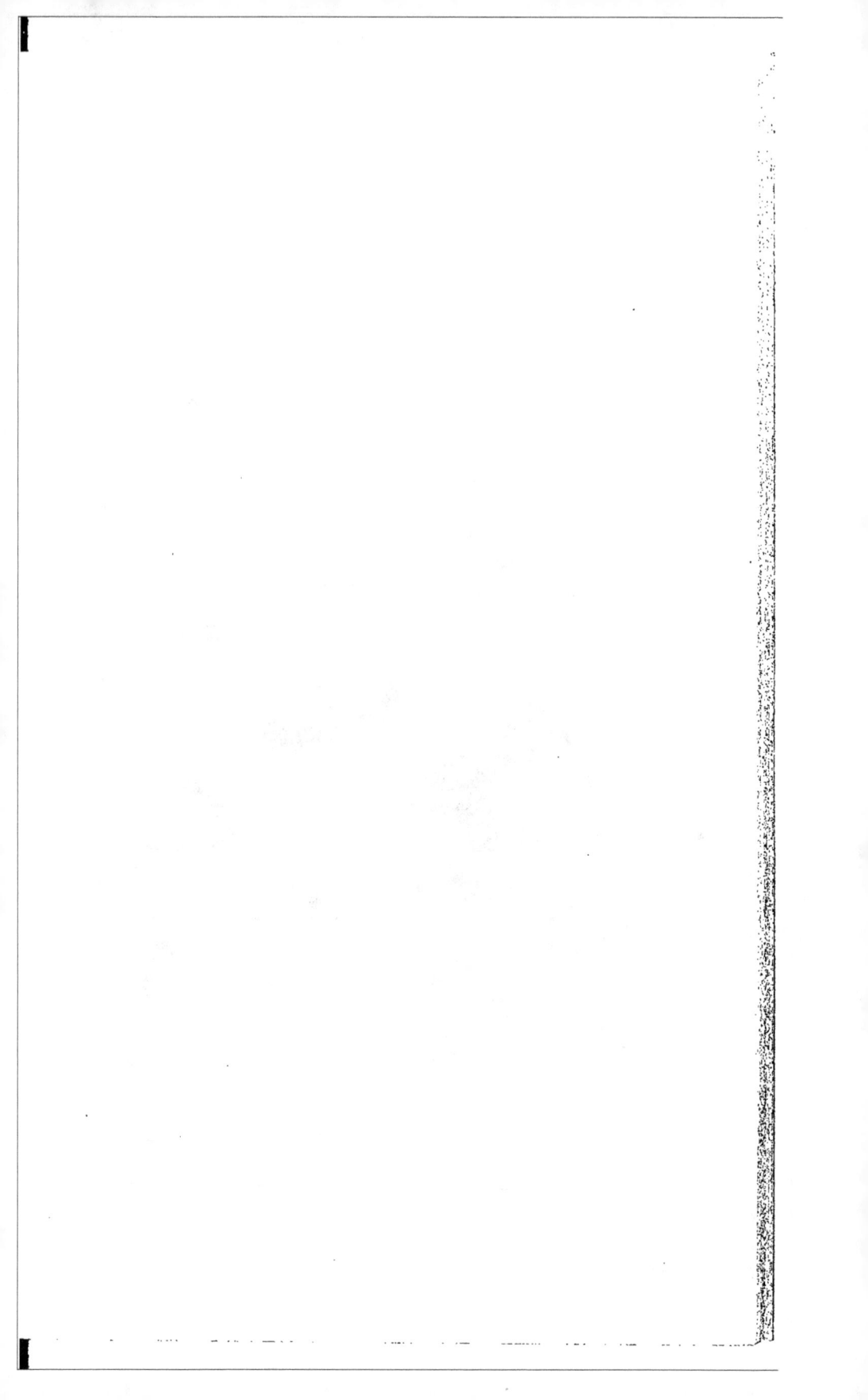

EXPLICATION DE LA PLANCHE III.

Fig. 1. *Helix lucida* (d'après nature).
2. — *hispida* (d'ap. nat.).
3. — *villosa* (d'ap. nat.).
4. — *conspurcata* (d'ap. nat.).
5. — *striata* (d'ap. nat.).
6. — *candidula* (d'ap. Drap., *loc. cit.*).
7. — *ericetorum* (d'ap. nat.).
8. — *alpina* (d'ap. nat.).
9. — *cespitum* (d'ap. Drap., *loc. cit.*).
10. — *cornea* (d'ap. Drap., *loc. cit.*).
11. — *planospira*. Variété et peut-être espèce à part du Bourg-d'Oisans (d'ap. nat.).
12. — *Fontenillii* (d'ap. nat.).
13. — *holosericea* (d'ap. M. Michaud , *loc. cit.*).
14. — *pulchella* de grandeur naturelle et grossie (d'ap. nat.).
15. — *pygmœa* de grandeur naturelle et grossie (d'ap. nat.).
16. — *rotundata* (d'ap. nat.).
17. — *nitida* (d'ap. nat.).
18. — *cristallina* (d'ap. nat.).
19. *Succinea amphibia* (d'ap. nat.).
20. — *oblonga* (d'ap. nat.).
21. *Bulimus radiatus*, var. *B* (d'ap. nat.).
22. — *montanus* (d'ap. nat.).
23. — *obscurus* (d'ap. nat.).
24. — *acutus* (d'ap. nat.).
25. — *ventricosus* (d'ap. Drap., *loc. cit.*).
26. *Achatina lubrica* (d'ap. nat.).
27. — *acicula* (d'ap. nat.).
28. *Clausilia bidens* de grandeur naturelle et grossie (d'ap. nat.).
29. — *dubia* de grandeur naturelle et grossie (d'ap. nat.).
30. — *punctata* de grandeur natur. et grossie (d'ap. nat.).
31. — *papillaris* de grandeur nat. et grossie (d'ap. nat.).
32. — *ventricosa* de grandeur nat. et grossie (d'ap. nat.).
33. — *plicata* de grandeur naturelle et grossie (d'ap. nat.).
34. — *rugosa* de grandeur naturelle et grossie (d'ap. nat.).
35. — *parvula* de grandeur naturelle et grossie (d'ap. nat.).

Pl. III.

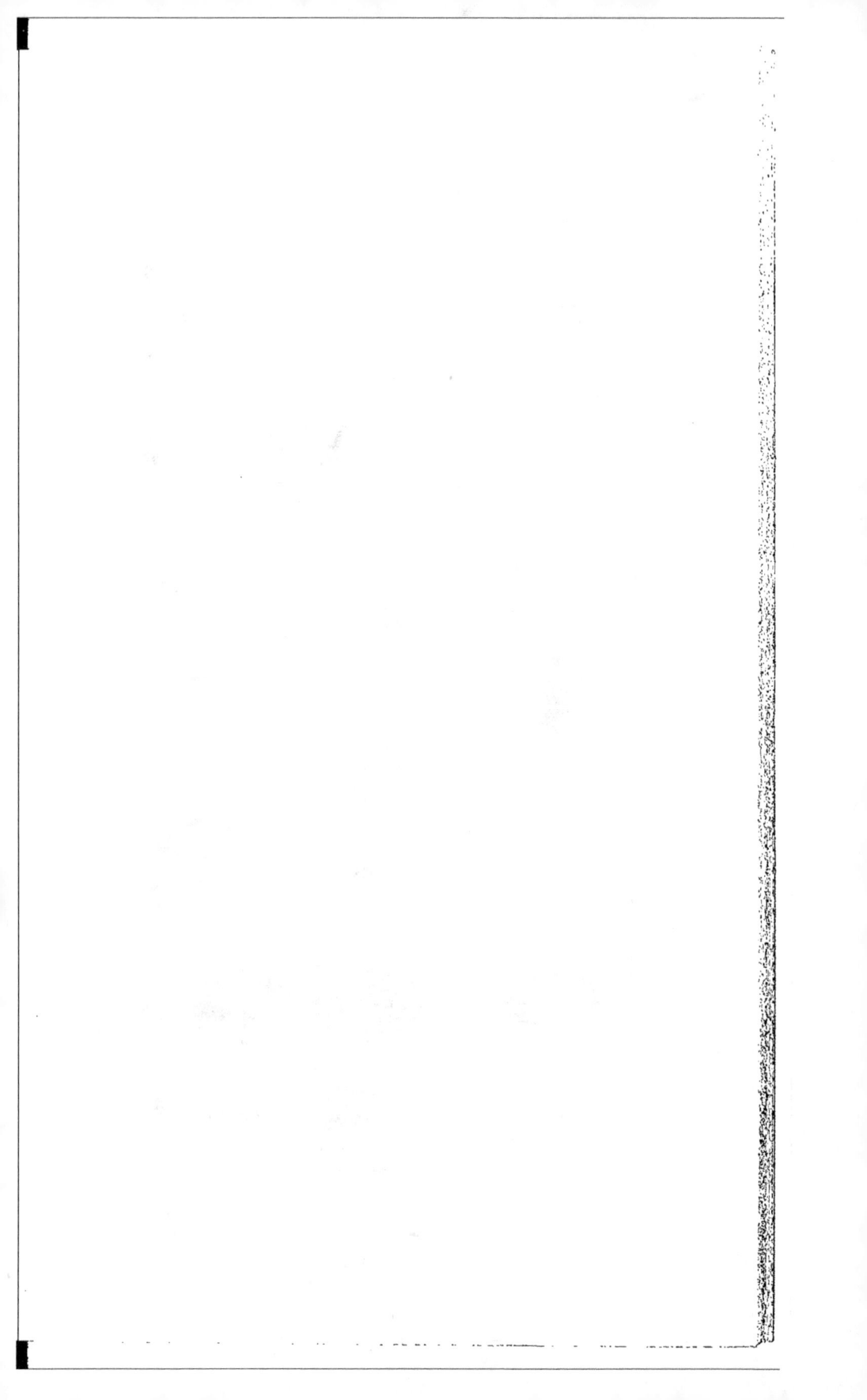

EXPLICATION DE LA PLANCHE IV.

Fig. 1. *Pupa tridentalis.* Variété *bidentalis* nobis ; peut-être espèce à part, de grandeur naturelle et grossie (d'ap. nat.).
2. — *marginata* de grand. nat., grossie en avant, grossie en arrière pour montrer le bourrelet blanc caractéristique (d'ap. nat.).
3. — *umbilicata* de grand. nat. et grossie (d'ap. nat.).
4. — *doliolum* (d'ap. nat.).
5. — *dolium* (d'ap. nat.).
6. — *biplicata* de grand. nat. et grossie (d'ap. M. Mich., *loc. cit.*).
7. — *inornata* de grand. nat. et grossie (d'ap. M. Mich., *loc. cit.*).
8. — *granum* de grand. nat. et grossie (d'ap. nat.).
9. — *avena* de grand. nat. et grossie (d'ap. nat.).
10. — *secale* de grand. nat. et grossie (d'ap. nat.).
11. — *frumentum* de grand. nat. et grossie (d'ap. nat.).
12. — *cinerea* (d'ap. nat.).
13. — *variabilis* de grand. nat. et grossie (d'ap. nat.).
14. — *polyodon* de grand. nat. et grossie (d'ap. nat.).
15. — *quadridens* (d'ap. nat.). Cette coquille est ordinairement plus ventrue qu'elle n'est représentée ici.
16. — *tridens* (d'ap. nat.).
17. — *fragilis* (d'ap. nat.).
18. *Vertico muscorum*, var. à deux dents, de grand. nat. et grossie (d'ap. nat.). Voyez additions et corrections.
19. — *pygmœa* de grand. nat. et grossie (d'ap. nat.).
20. — *nana* de grand. nat. et grossie (d'ap. M. Mich., *loc. cit.*).
21. — *antivertigo* de grand. nat. et grossie (d'ap. Drap., *loc. cit.*).
22. — *pusilla* de grand. nat. et grossie (d'ap. Drap., *loc. cit.*).
23. *Carychium minimum* de grand. nat. et grossie (d'ap. nat.).
24. — *lineatum* de grand. nat. et grossie (d'ap. nat.).
25. *Cyclostoma elegans* (d'ap. nat.).
26. — *sulcatum* (d'ap. nat.).
27. — *maculatum* (d'ap. nat.).
28. — *obscurum*, variété du département (d'ap. nat.).
29. — *vitreum* de grand. nat. et grossie (d'ap. Drap., *loc. cit.*).
30. *Planorbis contortus* (d'ap. nat.).
31. — *corneus* (d'ap. nat.) ; marais de Chabons.
32. — *hispidus* (d'ap. Drap., *loc. cit.*).
33. — *cristatus* (d'ap. nat.).
34. — *vortex* (d'ap. Drap., *loc. cit.*).
35. — *leucostoma*, vu par-dessous et par la carène (d'ap. nat.); il est des individus qui sont plus grands.
36. — *compressus*, vu par-dessous et par la carène (d'après M. Michaud, *loc. cit.*).
37. — *spirorbis* (d'ap. Drap., *loc. cit.*).
38. — *marginatus*, vu par-dessous et par la carène (d'ap. nat.).
39. — *carinatus*, vu par-dessous et par la carène (d'ap. nat.).
40. — *complanatus*, vu par-dessous et par la carène (d'ap. nat.).
41. *Physa hypnorum* (d'ap. nat.).
42. — *acuta*, var. *major* et *minor* (d'ap. nat.).
43. — *fontinalis* (d'ap. nat.).
44. *Limnea minuta* (d'ap. nat.).
45. — *peregra* (d'ap. nat.).
46. — *peregra*, var. *B* (d'ap. nat.) ; il existe des individus plus petits.
47. — *marginata* (d'ap. M. Michaud, *loc. cit.*).

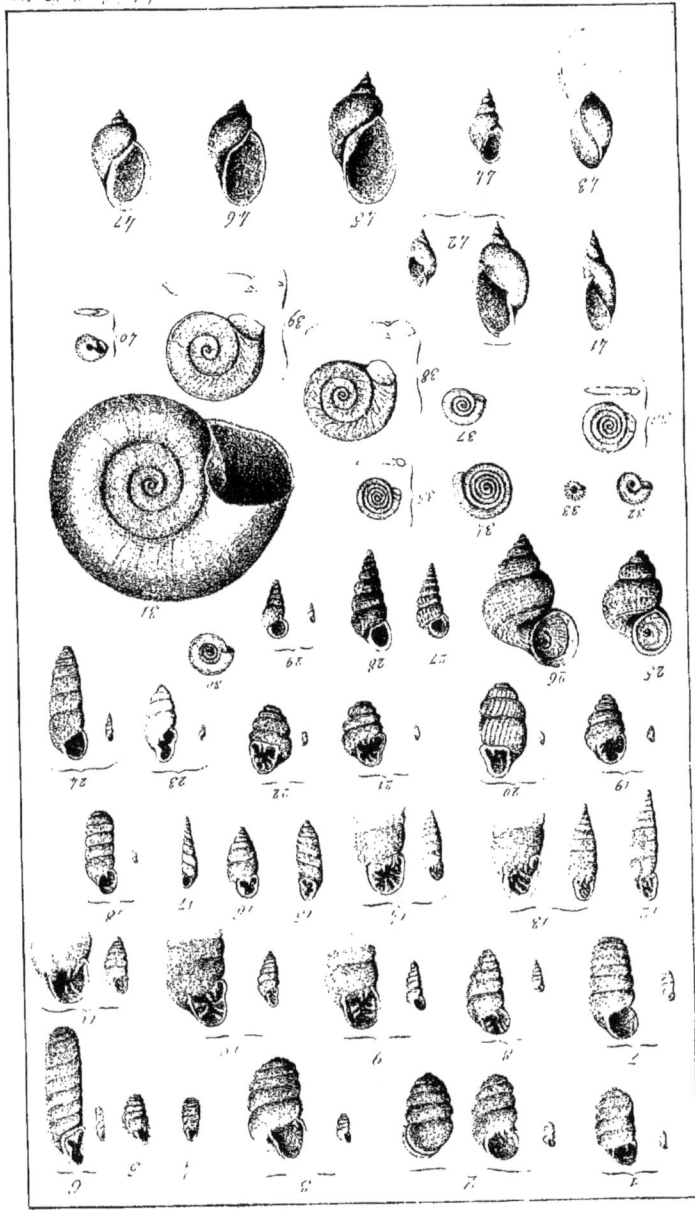

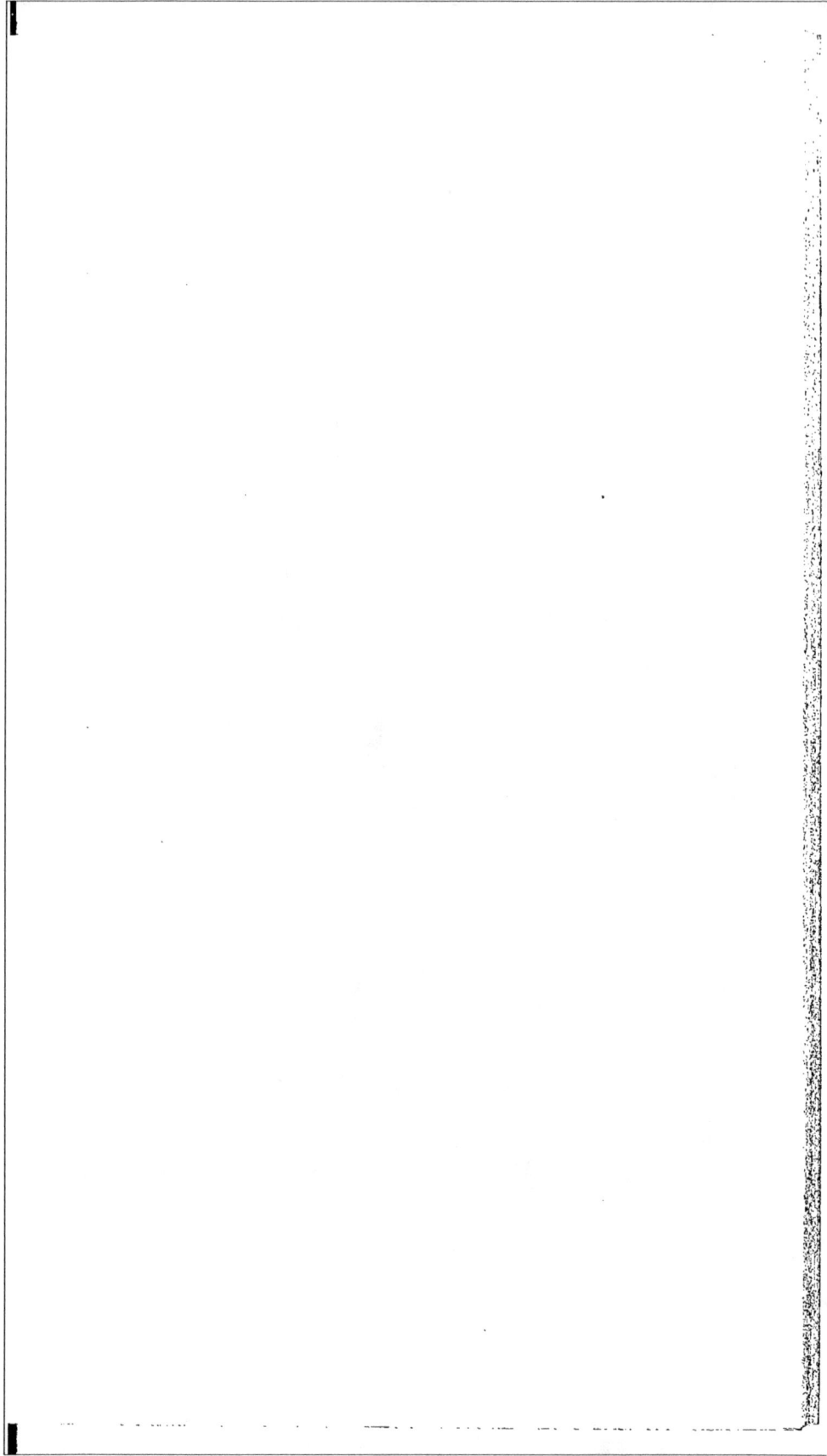

EXPLICATION DE LA PLANCHE V.

Fig. 1. *Limnea auricularia*, var. *A* (d'après un individu de Metz. L'espèce ordinaire des environs de Grenoble est plus petite.
 2. — *auricularia*, var. *B acutior* (d'ap. nat.).
 3. — *ovata* (d'ap. nat.); il en existe beaucoup d'individus plus petits.
 4. — *intermedia* (d'après un individu de Moirans).
 5. — *leucostoma* (d'ap. nat.).
 6. — *palustris* (d'ap. nat.).
 7. — *stagnalis* (d'ap. nat.).
 8. *Ancylus sinuosus*, vu par côté et par la base (d'ap. nat.).
 9. — *lacustris*, vu par côté et par la base (d'ap. Drap., *loc. cit.*); les individus des environs de Grenoble sont plus petits.
 10. — *fluviatilis*, vu par côté et par la base (d'ap. nat.).
 11. *Paludina viridis* de grandeur naturelle et grossie (d'ap. Drap., *loc. cit.*).
 12. — *impura* (d'ap. nat.).
 13. — *achatina* (d'ap. Drap., *loc. cit.*).
 14. — *diaphana* de grandeur naturelle et grossie (d'ap. M. Mich., *loc. cit.*).
 15. — *abbreviata* de grandeur naturelle et grossie (d'ap. M. Mich., *loc. cit.*).
 16. — *bulimoidea* de grandeur naturelle et grossie (d'ap. M. Mich., *loc. cit.*).
 17. *Valvata piscinalis* (d'ap. nat.).
 18. — *planorbis*, vue par-dessous et par-dessus (d'ap. nat.).
 19. *Neritina fluviatilis*, vue par-dessous et par-dessus (d'ap. nat.).
 20. *Unio littoralis* (d'ap. Drap., *loc. cit.*).
 21. — *rostrata* (d'ap. nat.).

Pl. V.

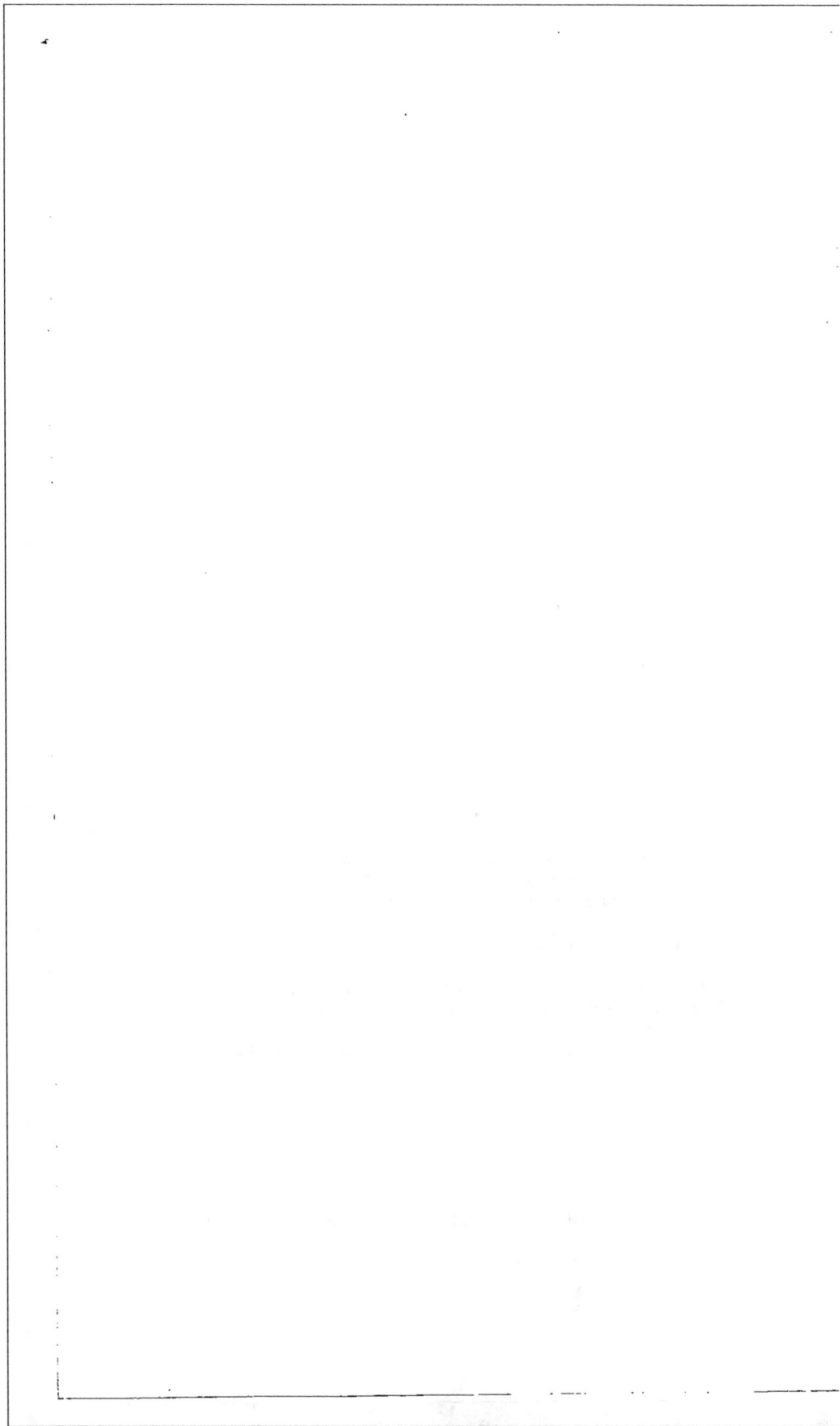

EXPLICATION DE LA PLANCHE VI.

Fig. 1. *Cyclas cornea*, vue de face et par la charnière (d'ap. nat.).

    2.   —   *rivalis*, vue de face et par la charnière (d'ap. nat.).

    3.   —   *fontinalis*, var. *major* (d'ap. nat.); on en trouve des individus encore plus grands et qui forment peut-être une espèce à part.

    4.   —   *fontinalis*, var. *minor*, vue de face et par la charnière (d'ap. nat.).

    5.   —   *calyculata*, vue de face et par la charnière (d'ap. nat.).

    6.   —   *palustris*, vue de face et par la charnière (d'ap. nat.).

    7. *Anodonta cygnæa*; valve droite, vue par sa surface intérieure (d'ap. nat.).

Pexter/assien   Imp.lith. C.Pegeron

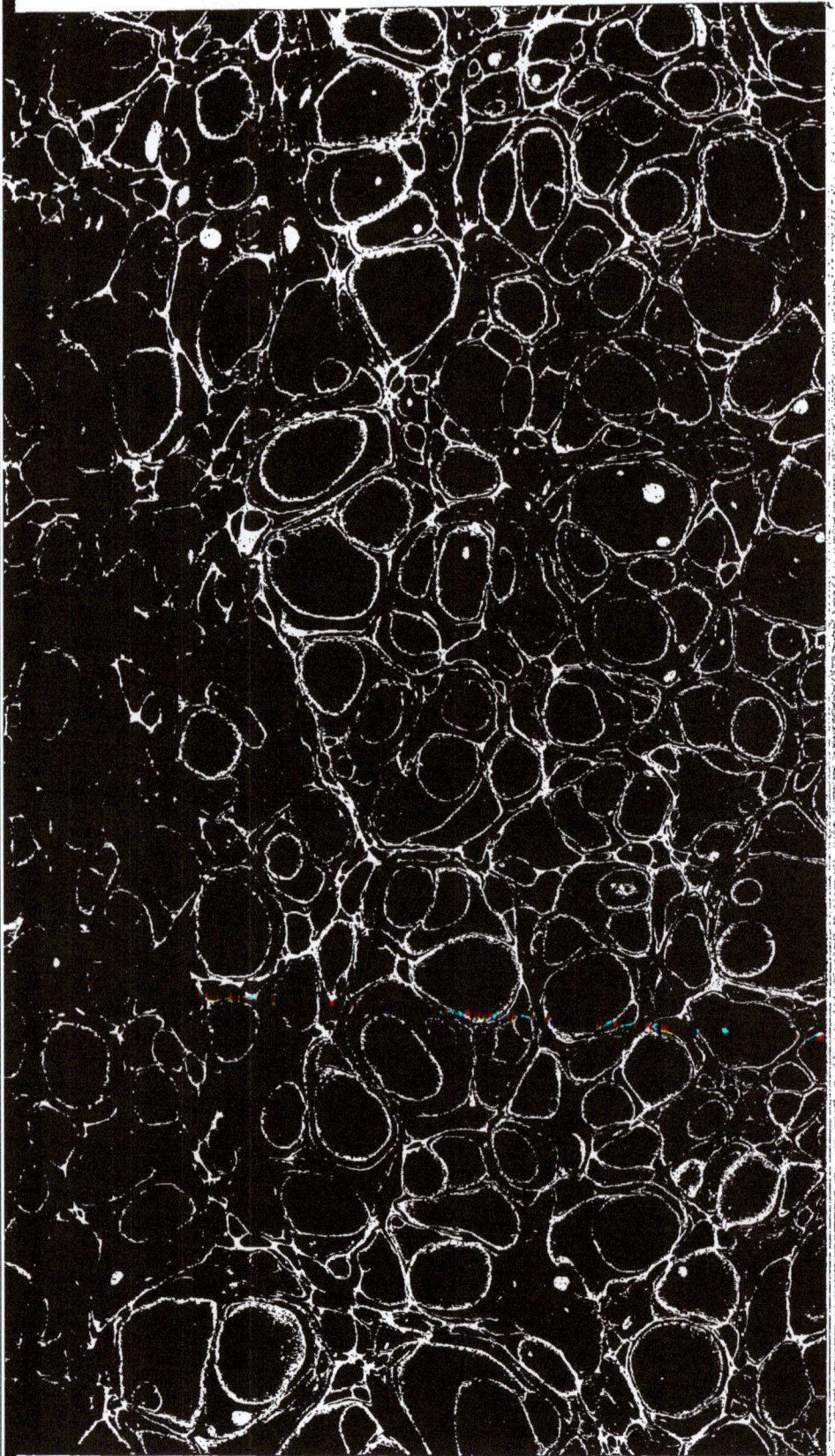

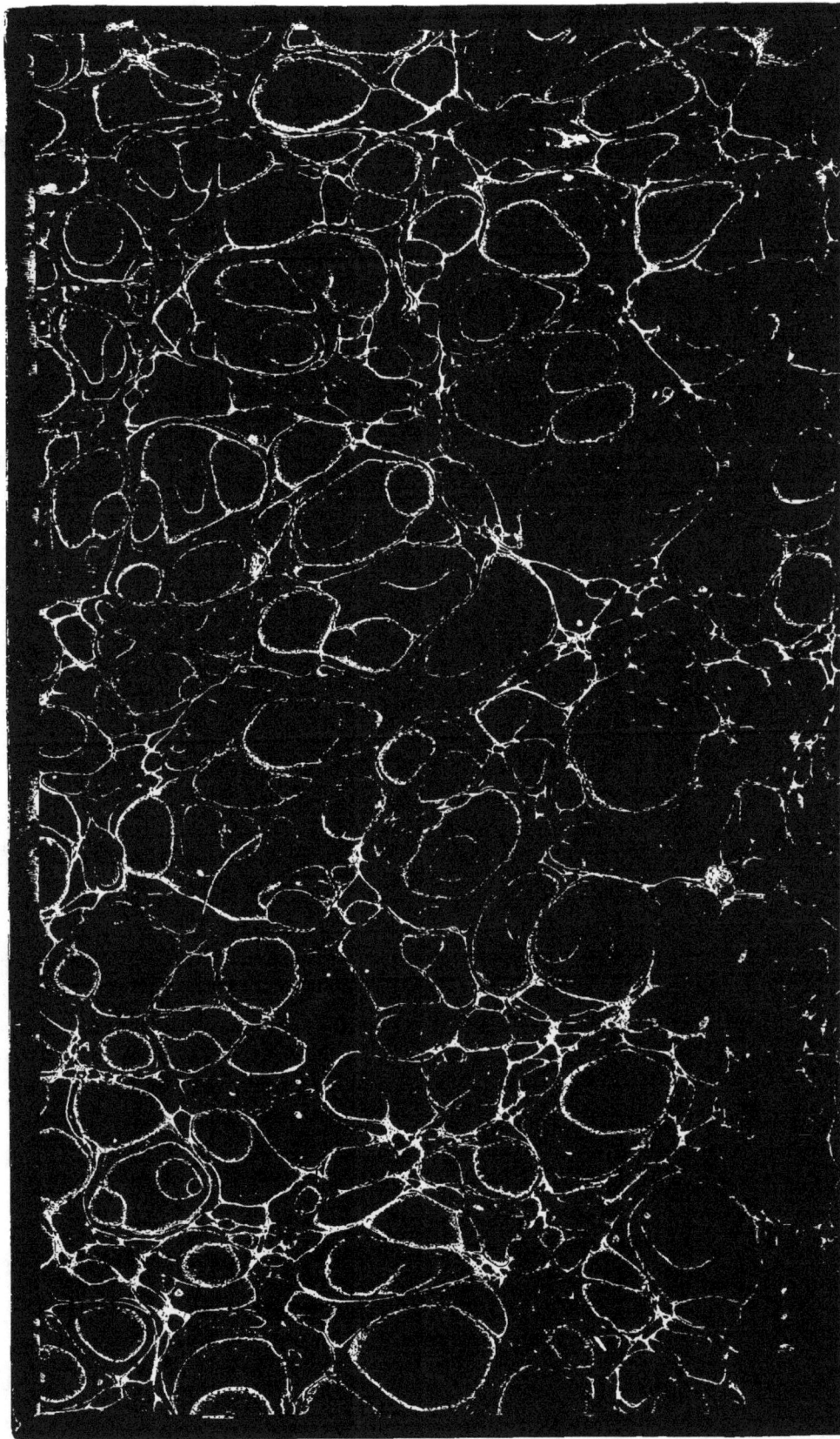